新时代乡村振兴丛书

瘦肉型种猪选育及杂交应用

吴珍芳◎主编

SPM 南方传媒
广东科技出版社
全国优秀出版社
·广州·

图书在版编目（CIP）数据

瘦肉型种猪选育及杂交应用 / 吴珍芳主编．—广州：广东科技出版社，2023.7

（新时代乡村振兴丛书）

ISBN 978-7-5359-7871-4

Ⅰ．①瘦…　Ⅱ．①吴…　Ⅲ．①种猪—家畜育种　Ⅳ．①S828.02

中国版本图书馆CIP数据核字（2022）第085498号

瘦肉型种猪选育及杂交应用

Shourouxing Zhongzhu Xuanyu Ji Zajiao Yingyong

出 版 人：严奉强

责任编辑：区燕宜

封面设计：柳国雄

责任校对：李云柯　廖婷婷

责任印制：彭海波

出版发行：广东科技出版社

（广州市环市东路水荫路11号　邮政编码：510075）

销售热线：020-37607413

https://www.gdstp.com.cn

E-mail：gdkjbw@nfcb.com.cn

经　　销：广东新华发行集团股份有限公司

排　　版：创溢文化

印　　刷：广州市彩源印刷有限公司

（广州市黄埔区百合三路8号　邮政编码：510700）

规　　格：889mm × 1 194mm　1/32　印张4.25　字数110千

版　　次：2023年7月第1版

2023年7月第1次印刷

定　　价：33.00元

如发现因印装质量问题影响阅读，请与广东科技出版社印制室联系调换（电话：020-37607272）。

《瘦肉型种猪选育及杂交应用》

编 委 会

主　　编：吴珍芳　华南农业大学，广东中芯种业科技有限公司

副 主 编：刘敬顺　温氏食品集团股份有限公司

编写人员：杨　明　仲恺农业工程学院

李娅兰　温氏食品集团股份有限公司

彭妙莲　广东中芯种业科技有限公司

蔡更元　华南农业大学，广东中芯种业科技有限公司

石俊松　广东中芯种业科技有限公司

刘珍云　广东中芯种业科技有限公司

前　言

Qianyan

随着我国人民生活水平的提高和消费群体日趋年轻化，高品质瘦肉作为动物蛋白营养越来越受欢迎。在市场信息方面，消费者的需求跨级快速传导至生产者、育种者，深圳、广州市民喜食瘦肉，即使食用黑猪肉也要以瘦肉为主；西南地区“大肥大瘦”的特别需求也逐渐仅限于冬季，人们对瘦肉率和肉色的要求越来越高。“肥肉—胆固醇高—心血管病”的学说在消费场景中不断地、不经意地得以强化。关于选育种的重要性，美国和欧洲联盟分别有相关的文献报道。总体而言，育种公司专注利用纯系及其品系内变异、创造基因价值；养猪生产体系讲究配套杂交后群体性能均值、实现品种品系基因价值的最大化。本书正是基于此市场竞争形势和基本原理而编写的。

在养猪生产体系的管理和实践中，大家往往停留在购买父母代母猪 + 终端父本的供销概念，即以杜洛克猪为主，与长大二元杂交猪相配套配种。一般只关注哪些品系配种配套较好，忽视了品系内变异及群体中优中选优的真正含义。育种是体系价值创造的过程，因为杂交优势率是固定的、知晓的，只要不随意回交、不随意级进杂交、坚持繁育体系的设计，就能克服时间成本、产生“复利”价值。育种可以通过选育种和选配，带动品系群体性能均值提高并产生好的进展。

繁育体系的金字塔结构可以使育种成本最小化，专门化品系选育可以加速遗传进展。后非洲猪瘟时代需以基因价值甚至基因的力量来贯穿组织一体化生产，猪育种关键创新的基因价值放大效应将使养猪企业做到“有质量的大”，能及时适应由调猪转向调肉的“产肉质量定价”形势，这是下一轮产业化、市场化竞争优势的主导要素。

本书主要针对大中型养殖企业经营者和技术人员编写，在知识点上力求做到深入浅出，竭尽全力使复杂问题简单化，以宣传理念、认识基因价值并利用好基因价值为主旨。然而，因本书篇幅有限，编者精力、经验和水平也有限，疏漏和不妥之处恐在所难免，敬请企业家、同行专家、阅读者不吝赐教、批评指正。

编　者

2023年3月

目　录

Mulu

第一章
猪的主要品种及其特性

一、概　述

（一）猪品种的概念

猪品种是指祖先来源相同，血缘上相关联，尤其具有稳定的生产性能及相似的形态特征，能将其特性稳定地遗传给下一代的家养种猪类群，要求有一定数量、系谱清晰，且经鉴定合格，否则容易发生近交、不能持续发展。由于现代养猪业追求整个猪肉市场链中的价值分配及生产时的经济效益，经过性状、表型和基因型的强度选择后，品种的概念逐渐被各具性能特点的品系概念所替代。自20世纪70年代起，PIC种猪改良国际集团逐渐在育种中用品系代替品种的概念来开展持续的种猪选育。因为新品种培育耗时长、成功通过鉴定往往比较困难，在我国，实际工作中能通过审定的往往是新的种猪品系或经产业化运作的新型种猪配套系，如华农温氏1号猪配套系、温氏WS501五元杂交猪配套系。

（二）猪品种的数量

全世界范围内猪的品种为200～300个，主要分布在英国、美国和中国。其中，我国由于养猪历史悠久、地理条件和生态环境多样而复杂，在劳动人民长期以来的精心培育及封闭的交通状况等自然和社会条件促使下，形成了许多优良地方猪种，数量有100多个。其中，封闭的交通状况包括山脉、河流或天然大湖的隔绝。《中国畜禽遗传资源志：猪志》（2011年出版）中介绍的猪种有100个，其中地方猪种76个，培育猪种18个，引进猪种6个。随着经济的发展，地方猪种由于生产效率低，保种群体越来越少，越来越多的猪种处于濒危状态和濒临灭绝状态，其肉质好的优势没有得到充分体现。

（三）猪品种的类型

随着社会经济的发展，猪的品种也随人们对肉食的实际要求而不断发生演变。如随着人们生活水平的不断提高，人们认为过多地摄入脂肪不利于健康，从而使瘦肉的需求量日益增加。这也是第二次世界大战后，瘦肉型猪种大放异彩的主因。最早选育瘦肉型猪的国家是丹麦和英国。瘦肉型猪受到热烈欢迎的具体原因如下：①猪脂肪中含有较多的胆固醇，摄入过多对血液循环、心脏机能有不良影响，特别是中年人、老年人，摄入过多易引起高血压。而瘦肉型猪的胴体含瘦肉多，营养价值高，瘦肉中不仅动物性蛋白质含量高，而且质量好，具有人体所必需的氨基酸，尤其是富含能促进人体生长、发育和维持身体健康的赖氨酸。②猪瘦肉中还含有丰富的铁、磷等矿物质和B族维生素，这些对人来说都是很好的营养物质。猪的品种因为猪育种者实行定向培育而发生变化，经历了一个由脂肪型向肉脂兼用型，再到当今流行的瘦肉型猪种演变的过程。降低背膘的选择，提高瘦肉率，同时提高饲料转化率，加快生长速度，这些都是与养殖效益呈正相关的，且最新报道指出，瘦肉率尤其是瘦肉增长率与繁殖力没有明显的负相关。所以，瘦肉型猪产业发展很快。

所谓瘦肉型猪，就是指瘦肉率较高并达到一定生长速度标准的猪种。在我国，一般认为，体重达到100千克时，屠宰测定胴体瘦肉率在55%以上的都属瘦肉型猪种；发达国家对胴体瘦肉率的要求更高，要求胴体瘦肉率应达60%左右或四腿瘦肉率在30%左右。当然我国计算瘦肉率的公式因为胴体标准不同而不同，所得数值往往比国外，如荷兰、法国的瘦肉率数值高约7%。

近几十年来，按照品种的来源与生产性能分，我国猪的品种

通常可分为三大类：中国的地方品种、从国外引入的品种和国外与地方猪之间相互杂交培育的品种（或称培育品种）。中国的地方品种多属脂肪型品种，引入品种多属于瘦肉型品种，而培育品种属于肉脂兼用型品种。培育品种数量不多的原因可能是，地方猪种尤其是母猪基数大，瘦肉型猪种的引进有阶段性且数量少，刚开始以引进长白猪、大白猪为主，也有少量的巴克夏猪，而杜洛克猪在初期引进较少。对培育品种的需求量我国曾于20世纪80年代达到高峰，但在20世纪90年代至21世纪初，培育品种瘦肉生长效率较低，导致经济效益不佳或被认为不适应市场需求，其数量大幅度减少。早期培育品种，因采用的是早期引进的国外种猪，其生长性能在改良水平上还不如现代外来猪种直接与本地猪杂交，这是另外一个原因。

（四）国外瘦肉型猪的引入

20世纪80年代后，国外品种被大量地引入我国，其中影响较大的瘦肉型猪种有大约克夏猪（即大白猪）、长白猪、杜洛克猪和汉普夏猪。20世纪90年代后，这些品种猪开始大面积地配套使用，如斯格猪，形成杜×斯配套系，同期引进并选育的杜×长大配套使用等。近十年来，高瘦肉率的皮特兰猪和肉质风味俱佳的巴克夏猪也相继被引入并得到有效的利用。瘦肉型猪种除瘦肉率高这一特点非常符合人们饮食的需求外，其生长速度即瘦肉增长效率也优于脂肪型猪种和肉脂兼用型猪种。原因是瘦肉型猪种对饲料中的蛋白质和能量的利用率高于脂肪型猪种和肉脂兼用型猪种，即每增重1千克脂肪所需能量为每增重1千克蛋白质所需能量的2.25倍。瘦肉型猪种生长周期短，饲养期间节省饲料，生产效率高、经济收益好，因此盛行于养殖场和肉猪消费市场。另外，毗邻广东省的港澳地区因人们生活习惯较接近西方，市场上需要大量的瘦肉型猪。因此，

20世纪90年代起，在港澳市场的带动下，我国尤其是广东省的瘦肉型猪育种、饲养和生产的成套技术得到了长足的发展与进步。随着大体重屠宰需求的增加，瘦肉型猪育种和高效配套系选育将更加盛行。

二、主要瘦肉型猪种

（一）大白猪（大约克夏猪）

1. 产地和特点

大白猪又称大约克夏猪，是18世纪在英国约克郡地区育成的，是世界上著名的瘦肉型猪种之一。约克夏猪早期分大、中、小3种类型：大型属瘦肉型；小型属脂肪型，几乎绝迹；中型属肉脂兼用型，由大型与小型杂交后育成，称为中约克夏猪或中白猪。大白猪引入我国后，经过多年培育驯化，已经有了较好的适应性。其主要特点是生长速度快，饲料利用率高，产仔较多，胴体瘦肉率高。迄今为止，我国已经从丹麦、英国、法国、加拿大和美国引入大白猪，以法国和丹麦引入的大白猪繁殖力最高，其中，从法国引入的大白猪体形最为高大，屠宰率也较高。

2. 体形外貌

大白猪耳直立，鼻直，四肢较长，体形匀称，体格大，全身被毛白色，故称大白猪。成年公猪体重250～300千克，成年母猪体重230～250千克。从法国引入的大白猪体形高长是一典型特点，大白猪与长白猪相比总显得偏短，这在生产实践中要注意选择。

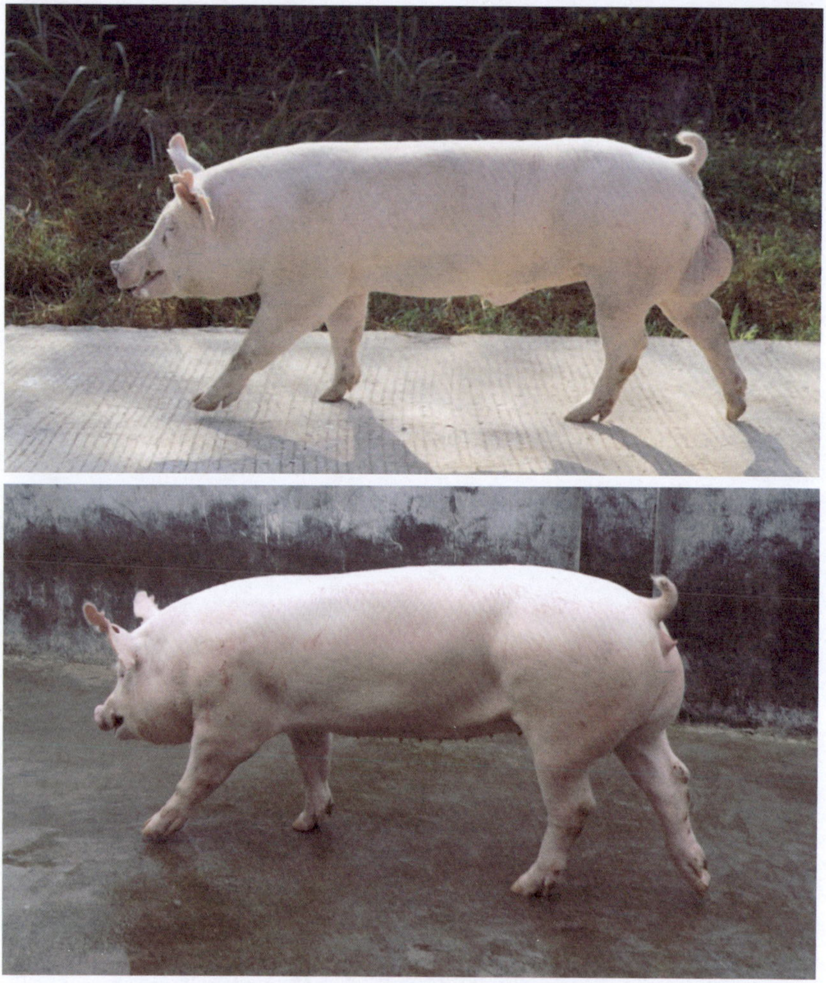

大白猪（引自温氏集团2017年公猪手册）

3. 生长肥育性能

大白猪具有增重速度快、节省饲料的优点。5～6月龄的大白猪体重可达100千克。我国最初引进的大白猪，在每千克日粮含消化能13.4兆焦、粗蛋白质160克，以及在自由采食的条件下，从断奶至体重90千克阶段，平均日增重700克，每千克增重消耗配合饲料3千克左右。体重90千克时屠宰率为72%～74%，眼肌面积为30～37厘米^2，胴体瘦肉率为60%～65%。国内十几个国家级或省级种猪场的统计数据表明，近几年从国外引入的大白猪，其肥育性能有很大提高。肥育期的日增重可达800～1 100克，料重比为（2.2～2.6）：1，体重100千克时屠宰，胴体瘦肉率为65%～68%。

4. 繁殖性能

大白猪性成熟较晚，5～6月龄的母猪开始第一次发情，发情周期18～22天，发情持续期3～4天，母猪妊娠期平均115天。初产母猪产仔数9～10头，经产母猪产仔数11～12头，产活仔数10头左右。经测验：法国高产大白猪窝产仔数平均为13.5～14.5头，核心群达15头。

5. 杂交利用

大白猪常用于生产瘦肉型猪的二元杂交母猪，即大白公猪与长白母猪配种，或长白公猪与大白母猪配种。考虑到长白猪的肢蹄偏差，大白猪作为第一母本较为盛行，而长白猪主要用公猪作为第一父本。在改良本地猪过程中，大白猪也可作为父本与太湖母猪进行两品种杂交，一代杂交种猪胴体瘦肉率为45%以上；与长白猪配北京黑猪的杂交母猪进行三品种杂交，一代杂交种猪胴体瘦肉率为55%以上。

（二）长白猪

1. 产地和特点

长白猪又称为兰德瑞斯猪（Landrace），原产于丹麦，目前世界上养猪业发达的国家均有饲养，是世界上著名且分布广泛的瘦肉型猪种，是养猪生产不可或缺的优秀母系猪种。在配套系生产中，长白猪被广泛地作为第一父本使用。我国目前饲养的长白猪主要来自丹麦、英国、加拿大、法国和比利时等国家。近几年引入的长白猪，其生长速度、饲料利用率和胴体瘦肉率等性能，都比早先引入

的长白猪有很大的提高。新英系长白猪和挪威长白猪是近几年关注和推广应用的热点。

2. 体形外貌

长白猪头长清秀，颜面平直。耳大且向前平伸，略下耷。毛色全白，体躯长，有16对肋骨。大腿和臀部肌肉丰满，体躯前窄后宽呈流线型。

长白猪（引自温氏集团2017年公猪手册）

3. 生长肥育性能

在良好的饲养条件下，长白猪生长发育迅速。性能测定结果表明，5～6月龄的长白猪体重可达100千克，肥育期的日增重为800～1 000克，料重比为（2.3～2.7）：1，体重100千克时屠宰，胴体瘦肉率为64%～67%。

4. 繁殖性能

长白猪性成熟晚，公猪一般在6月龄时性成熟，8月龄时开始配种。母猪发情周期为21～23天，发情持续期为3～4天，妊娠期为112～116天。初产母猪产仔数10～11头，经产母猪产仔数10～13头。

5. 杂交利用

长白猪常被用于生产瘦肉型猪的二元杂交母猪，即长白公猪与大白母猪配种，或大白公猪与长白母猪配种。长白猪也可以作为父本与中国地方猪种进行两品种或三品种杂交。在良好的饲养条件下，长白猪也可有较快的生长速度，并在饲料利用率固定的条件下生产较多的瘦肉。例如，长白猪与嘉兴黑猪或东北民猪杂交，一代杂交猪肥育期日增重可达600克以上，胴体瘦肉率为50%～55%；长白猪与金华猪杂交，一代杂交猪日增重530～550克，胴体瘦肉率为50%～52%；长白猪与内江公猪配北京黑猪的杂交母猪杂交，其三品种杂交猪在中等营养水平下饲养，体重20～90千克阶段，日增重520克左右，胴体瘦肉率为51%。长白猪有时含有氟烷基因，值得注意。同时，据毛色基因分析，长白猪为祖代也是引起商品猪杜长大三元杂交后代毛色出现斑点、斑块的主因。有些长白猪品系的妊娠期比其他品系多1～2天，且奶水好，其仔猪21日龄断奶窝重较高。长白母猪使用寿命较大白母猪更短，由肢蹄造成的淘汰更新率更高。

（三）杜洛克猪

1. 产地和特点

杜洛克猪原产于美国东北部的新泽西州，俗称红毛猪。其主要从美国、加拿大、丹麦引入，现已遍布全国，一般作为终端父本使用。其特点是体质健壮，抗逆性强，饲养条件比其他瘦肉型猪更粗放，生长速度较快，饲料利用率高，胴体瘦肉率高，肌内脂肪含量较高，肉质较好。

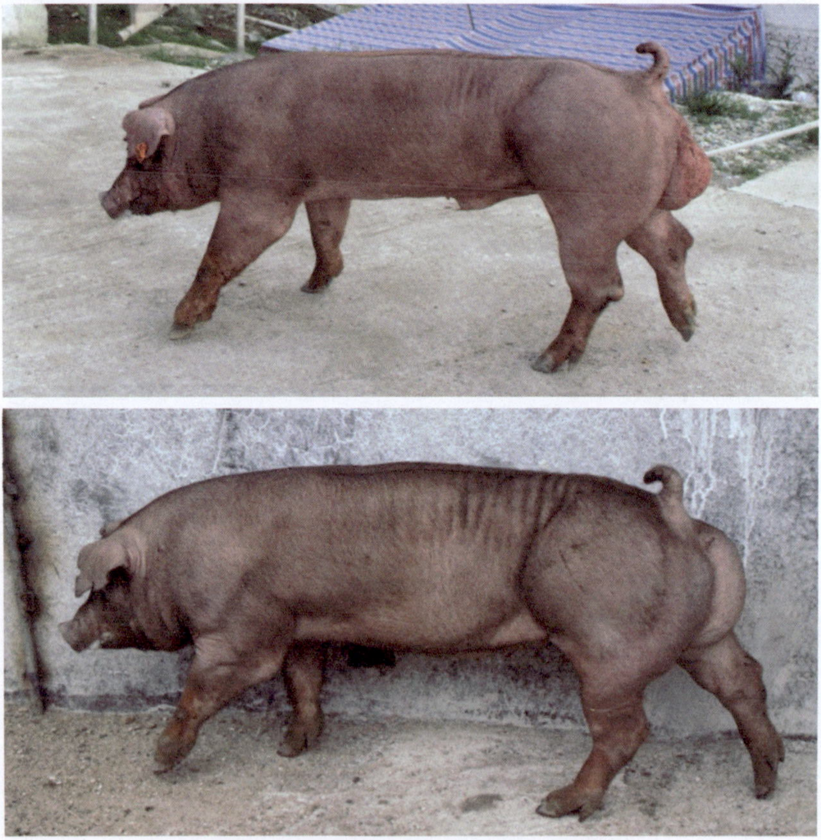

杜洛克猪（引自温氏集团2017年公猪手册）

2. 体形外貌

杜洛克猪全身被毛呈金黄色或棕红色，色泽深浅不一，而杜洛克猪的被毛黑色或深红色，不一定是黑毛基因所致。其两耳中等大，略向前倾，耳尖稍下垂。头小清秀，嘴短直。背腰部在生长期呈平直状态，成年后稍呈弓形。胸宽而深，后躯肌肉丰满，四肢粗壮、结实，蹄呈黑色。

3. 生长肥育性能

在良好的饲养条件下，180日龄的杜洛克猪体重可达90千克。在每千克日粮含消化能12.64兆焦、粗蛋白质167克的营养条件下，体重25～100千克阶段，平均日增重650克，每千克增重消耗配合饲料2.79千克，体重100千克时屠宰率为75%～76%，胴体瘦肉率为63%～67%，背膘厚1.1～1.5厘米，眼肌面积37厘米^2，肌肉内脂肪含量2%～3.2%，肉色良好。新引入的杜洛克猪，如美国杜洛克猪，在营养条件较好的情况下，肥育期日增重可达800～900克，每千克增重消耗配合饲料2.3～2.6千克，胴体瘦肉率为64%～68%。

4. 繁殖性能

杜洛克猪性成熟较晚，母猪一般在6～7月龄开始第一次发情（体重90～110千克），发情周期为21天左右，发情持续期为2～3天，妊娠期为115天左右，初产母猪产仔数9头左右，经产母猪产仔数10～11头。

5. 杂交利用

杜洛克猪常直接作为终端父本，与长白猪配大白猪生产的长大或大长二元杂交母猪生产杜长大/杜大长商品猪，这是全世界流行的商品猪生产模式。杜洛克猪还可作为生产终端父本的母本，如皮杜公猪的生产。广东华农温氏畜牧股份有限公司以改良型的皮特兰猪和杜洛克猪生产了皮杜公猪，研究并推广华农温氏1号猪配套系，其生产规模已经达到年产650万头商品猪，其生产的商品猪占广州

市场的45%以上。在20世纪80年代，杜洛克猪作为父本与地方猪种进行品种杂交，一代杂交猪日增重可达500～700克，胴体瘦肉率达50%以上；用杜洛克猪作为父本与培育品种进行两品种或三品种杂交，其杂交猪日增重可达600克以上，胴体瘦肉率为56%～60%。如，杜洛克猪与荣昌猪杂交，一代杂交猪胴体瘦肉率为50%左右；杜洛克猪与里岔黑猪杂交，一代杂交猪胴体瘦肉率为60%左右。

（四）汉普夏猪

1. 产地和特点

汉普夏猪原产于美国肯塔基州，是美国分布广泛的瘦肉型猪种之一，后来扩展至丹麦等国家。20世纪70年代引入我国，其数量不如长白猪、大白猪和杜洛克猪多，利用也不如这三个猪种广泛。汉普夏猪的主要特点是，生长发育较快，抗逆性较强，饲料利用率较高，胴体瘦肉率较高，含有酸肉基因，而且是显性遗传；后来发现其肉质不好，冷藏和加工损失大，且窝产仔数较少。

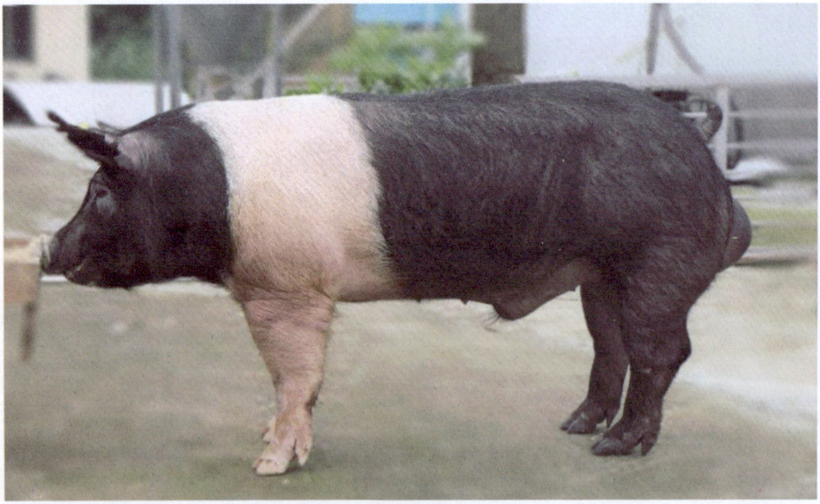

汉普夏猪

2. 体形外貌

头和中后躯被毛为黑色，肩颈结合处有一白带，包括肩和前肢。头中等大，耳直立，嘴较长且直，体躯比杜洛克猪稍长。背宽大略呈弓形，体质强健，体形紧凑。成年公猪体重315～410千克，成年母猪体重250～340千克。也许是因为肩部有环形白带，汉普夏猪在我国并不流行。

3. 生长肥育性能

在良好的饲养条件下，180日龄的汉普夏猪体重可达90千克，日增重600～700克，每千克增重消耗配合饲料3千克左右，体重90千克时屠宰率为71%～75%，眼肌面积30厘米^{2}以上，胴体瘦肉率达60%以上。

4. 繁殖性能

汉普夏猪性成熟较晚，母猪一般在6～7月龄、体重90～110千克时开始发情，发情周期为19～22天，发情持续期为2～3天，妊娠期为112～116天。初产母猪产仔数7～8头，经产母猪产仔数8～9头。

5. 杂交利用

因汉普夏猪具有生长快、瘦肉率高等优点，在杂交利用中一般将其作为父本，通常以杜洛克猪与汉普夏猪配种生产杜汉终端杂交公猪，再与长大二元杂交生产杜汉长大四元杂交商品肉猪，这种杂交利用模式在美国、丹麦较为普遍。早期汉普夏公猪与长白猪配太湖母猪的杂交母猪杂交，得到的三品种杂交猪在体重20～90千克阶段，饲养期110～116天，日增重600克以上，每千克增重消耗配合饲料3.5～3.7千克，胴体瘦肉率达50%以上。汉普夏猪在西方国家的应用主要是生产杂交终端公猪，但后来因发现其带有酸肉基因及证实其肉质不好，逐渐减少推广使用，滴水损失高，不适应西方国家以深加工为主的猪肉市场。

（五）皮特兰猪

1. 产地和特点

皮特兰猪原产于比利时的布拉班特省，是由法国的贝叶杂交猪与英国的巴克夏猪进行回交，然后与英国的大白猪杂交育成的。其主要特点是瘦肉率高，后躯和双肩肌肉非常丰满，极适宜在有火腿消费习惯的国家饲养。

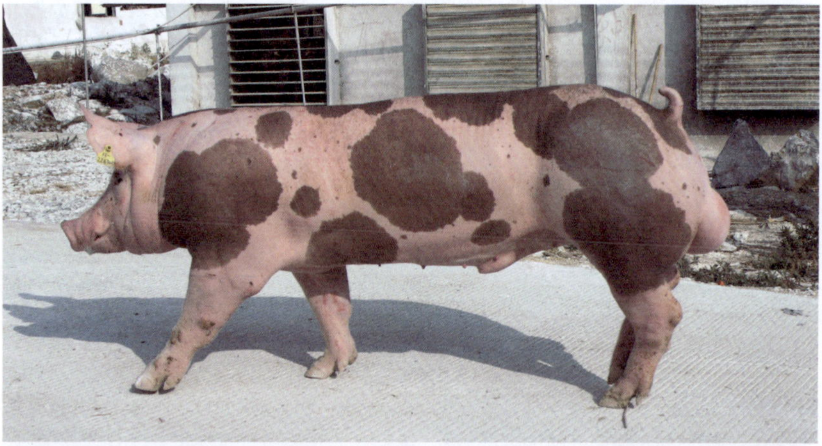

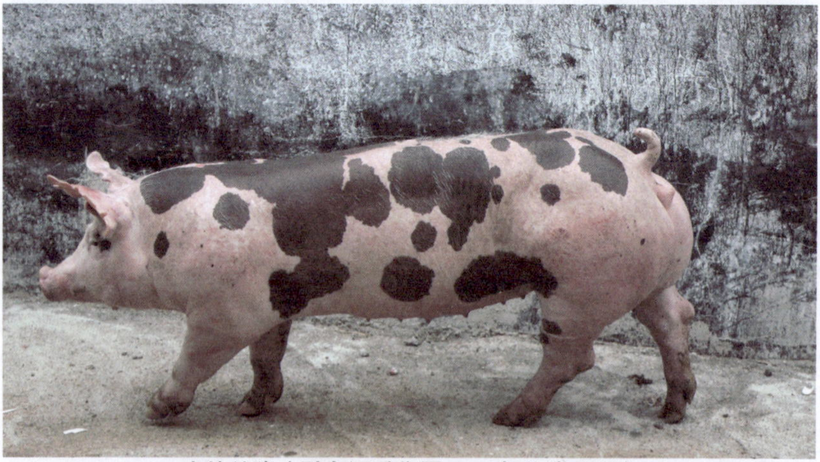

皮特兰猪（引自温氏集团2017年公猪手册）

2. 体形外貌

皮特兰猪毛色呈灰白色并带有不规则的深黑色斑点，偶尔出现少量棕色毛，黑花毛色在商品猪上的呈现与杜洛克猪的商品后代不同。头部清秀，颜面平直，嘴大且直，双耳略微向前。体躯呈圆柱形，腹部平行于背部，肩部肌肉丰满，背直而宽大。皮特兰猪是中型猪，体形粗短。

3. 生长肥育性能

在较好的饲养条件下，皮特兰猪生长迅速，6月龄体重可达90～100千克。日增重750克左右，每千克增重消耗配合饲料2.5～2.6千克，体重100千克时屠宰率76%，胴体瘦肉率可高达70%。

4. 繁殖性能

皮特兰公猪一旦性成熟就有较强的性欲，采精一般一次就会成功，射精量为250～300毫升，精子数每毫升达3亿个。母猪母性不亚于我国地方品种，仔猪育成率为92%～98%。母猪的初情期一般为190日龄，发情周期为18～21天，每胎产仔数10头左右，产活仔数9头左右。据报道，皮特兰猪在综合繁殖力方面比杜洛克猪要略强。

5. 杂交利用

由于皮特兰猪产肉性能高，其多直接被用作父本进行二元或三元杂交，但由于皮特兰猪含有应激基因，后代容易表现PSE肉（pale soft exudative meat，肌肉苍白、质地松软、表面渗水），也常和其他品种杂交如与杜洛克猪生产杂交型终端父本。在我国引进皮特兰猪后，用皮特兰公猪配上海白猪，其二元杂交猪肥育期的日增重可达650克，体重90千克时屠宰，胴体瘦肉率达65%；皮特兰公猪配梅山母猪，其二元杂交猪肥育期日增重685克，料重比为2.88：1，体重90千克时屠宰，胴体瘦肉率可达54%左右；用皮特兰公猪配长白猪和上海白猪的杂交母猪，其三元杂种猪肥育期日增重730克左右，料重比为2.99：1，胴体瘦肉率达65%左右。

（六）斯格猪

1. 产地和特点

斯格猪原产于比利时，是专门化品系杂交育成的超级瘦肉型猪种。其主要特点：①父系生长速度快，饲料利用率高，胴体瘦肉率高。②母系体躯较长，发情明显，产仔率较高，母猪泌乳力较强。父、母系猪均不含氟烷基因，应激反应阴性。斯格猪种早在20世纪80年代初期就被引入我国（深圳光明农场），目前主要分布在湖北、江苏、广西、广东、福建、贵州、北京、辽宁及黑龙江等省（区、市）。

2. 体形外貌

斯格猪全身被毛白色，头较轻，鼻直，体较长，腿臀肌肉发达，背腰宽大，父系为双脊。父系耳直立稍前倾；母系的12系耳向前伸，36系和15系耳直立稍前倾。

斯格猪父母代

3. 生长肥育性能

斯格猪生长发育快，节省饲料，5～6月龄体重可达100千克，父系猪的日增重为800克以上，每千克增重消耗配合饲料2.2～2.6千克，胴体瘦肉率为67%～68%。母系猪的日增重、饲料利用率和胴体瘦肉率比父系猪稍低。

4. 繁殖性能

斯格猪祖代母系猪的经产母猪产仔数为11～13头，父母代猪经产母猪产仔数为12～13头，每头母猪平均年育成断奶仔猪23～25头。母猪母性较好，泌乳力较强，繁殖率较高。

5. 杂交利用

斯格猪一般利用父系和母系猪杂交配套生产商品猪，其商品猪后代生长速度快，日增重800克以上，每千克增重消耗配合饲料2.2～2.8千克。抗应激性好。肉质较好，背宽，腿臀部位肌肉极为发达，体重100千克时屠宰率为75%～78%，胴体瘦肉率为64%～66%。也有采用杜洛克猪和斯格猪杂交的推广杂交方式。

三、中国主要地方品种

（一）猪种分类

我国地域辽阔，各地自然气候、饲料资源、饮食习惯、社会经济背景等差别较大，长期以来，人们选种的要求不一样。再加上交通不便，猪群经过长期的自然选择与人工选择形成了许多各具特色的地方猪种，其差异包括毛色、繁殖力、体形大小等。早在1940年，一位叫爱伦（Allen）的学者将猪种的来源划分为3个区域：

（1）东北地区

Sus Scrofa Raddenaua。

（2）华中地区

Sus Scrofa Moupinensis。

（3）安徽和其他东南各省

Sus Scrofa Chirodanta。

1944 年弗里普（Phillips）又将中国猪种分布划分为4个区域，即华北猪区、华中猪区、荣昌猪区、广州猪区。

后来，在这个基础上，中国农业科学院及全国大专院校有关专家教授进行了认真的分析研究，将中国猪种初步划分为华北型、华南型、华中型和高原型。后来又发现华北和华中两类型交界的猪种差别较大，故又划出一个华北华中过渡型（亦称江海型）。再者，华中型在西南地区的猪种，因饲养在云贵高原和四川盆地，其外形和生产性能亦有异于华中型，因此又划出一个西南（亚）型，这样将中国猪种共划分为6个类型。

（1）华北型

主要分布于秦岭—淮河以北。该类型猪体躯较大，四肢粗壮，冬季密生绒毛，嘴筒较长，窝产仔数在12头以上，如民猪、八眉猪。

（2）华南型

主要分布于广东、广西，以及云南、福建的部分地区。该类型猪体躯都偏小，体形丰满，背腰宽，腹大下垂，皮薄毛稀，繁殖力低，窝产仔数为8～11头，如两广小花猪、滇南小耳猪等。

（3）华中型

主要分布于长江中下游和珠江之间广大地区。猪的体躯较华南型大，骨较细，背腰较宽、多下凹，窝产仔数为10～13头，如金华猪、华中两头乌猪等。

（4）江海型

主要分布于汉水、长江中下游沿岸及东南沿海地区。该类型猪骨粗壮，皮厚而松，多皱褶，耳大下垂，繁殖性能好，窝产仔数为13～16头，如太湖猪等。

（5）西南型

主要分布于四川盆地、云贵高原的大部分地区及湘鄂西部。该类型猪头大，额部多有旋毛，窝产仔数为8～10头，屠宰率低，如内江猪、乌金猪等。

（6）高原型

主要分布于青藏高原。头狭长，耳小竖立，形似野猪。窝产仔数为5～6头，生长慢，瘦肉率中等，能适应高寒气候，如藏猪等。

猪种分类详细情况如表1所示。

表1　中国主要地方品种分类、外貌特征与生产性能情况

类型	分布地区	地区特点	外貌特征	生产性能	代表品种
华北型	秦岭—淮河以北地区	地多人少，气候干燥寒冷，作物以杂粮为主，有放牧养猪习惯，粗料多，精料少，农家一般采用吊架子肥育	体躯较大，背腰狭窄而平直，四肢粗壮，腹下垂，臀部倾斜。头较平直，嘴筒较长，皮厚，毛长而密、黑色	窝产仔数12头以上，乳头8对左右，带仔性能好，肉猪养一年出栏，肉味鲜美，花板油比例高	民猪、八眉猪
华南型	广东、广西，以及云南、福建的部分地区	气候湿热，雨量充沛，以山地、丘陵为主，植物可终年生长，青饲料丰富	体躯短矮，背腰下陷，腹大下垂，皮薄毛稀，头小，骨细，膘厚、脂肪多，肉细嫩，多黑白花	窝产仔数为8～11头，乳头多为5～6对，双月断奶重为7～8千克，成年体重不大	两广小花猪、滇南小耳猪
华中型	长江中下游和珠江之间广大地区	气候温和，农业发达，以种植水稻为主，次为小麦、玉米和豆类，养猪数量多，几乎全为舍饲	体躯较大，骨细、背腰较宽，腹大多下垂，毛色以黑白花为主，头尾多黑色	窝产仔数为10～13头，乳头多为6～8对，生长较快，肉质细嫩	金华猪、华中两头乌猪

续表

类型	分布地区	地区特点	外貌特征	生产性能	代表品种
江海型	汉水、长江中下游沿岸及东南沿海地区	属中亚热带，自然条件较好，气候温和，人口稠密，农业发达，为我国农业高产、稳产地区	由华北和华中两大类型猪种杂交育成，所以猪种间差异较大。毛色自北向南由全黑向黑白花过渡，体形也大小不一	窝产仔数为13～16头，乳头多为8对	太湖猪
西南型	四川盆地、云贵大部分地区及湘鄂西部	地形复杂，以山地为主。雨水、云雾多，湿度大，日照少，农家养猪以放牧为主	个体较大，头大，额多皱纹。毛色以全黑和六白较多，也有黑白花和红毛猪	产仔数不多，一般8～10头，乳头为6～7对，饲养期长，屠宰率低	内江猪、乌金猪
高原型	青藏高原	气候高寒干旱，日照时间长，植被稀疏，作物生长期短，地广人稀，耕作粗放，农业不发达，长期放牧饲养，杂食性强	个体很小，形似野猪，四肢强健，善于奔跑，嘴尖长而直，耳小而直立，背窄而微弓，腹紧，鬃毛发达，毛色多黑色或黑灰色	窝产仔数为5～6头，乳头以5对居多，生长慢，屠宰率不高，胴体瘦肉中等	藏猪

（二）主要地方猪种

1. 两广小花猪

（1）基本情况

两广小花猪包括陆川猪、公馆猪、广东小耳花猪。广东的小耳花猪又包括黄塘猪、中垌猪、塘缀猪和桂墟猪。其中以陆川猪比较有名。

（2）产地（或分布）

主要分布在广东与广西相邻的浔江、西江流域的南部。中心产区有陆川、玉林、合浦、高州、化州、吴川、郁南等地。

（3）主要特性

体形较小，具有头短、颈短、耳短、身短、脚短和尾短“六短”特征，额较宽，有“〈 〉”形或菱形皱褶，中间有三角形白斑，耳小向外平伸，背腰宽广凹下，腹大拖地，体长与胸围几乎相等。被毛黑白花，除头、耳、背、腰、臀为黑色外，其余均为白色。与杜洛克猪配种，基本全黑毛。成年公猪体重为103.2～130.9千克，成年母猪体重为81～112千克。性成熟早，公猪2～3月龄就能配种；母猪4～5月龄初配，头胎产仔数8头左右，三胎以上产仔数10～11头，种猪场经产母猪产仔数11～12头。肥育期日增重为285～328克，屠宰率为67.6%，瘦肉率为37.2%。

2. 粤东黑猪（惠阳黑猪、饶平黑猪）

（1）产地（或分布）

广东惠阳、饶平、蕉岭等地。

（2）主要特性

体形略呈长方形，头清秀，额宽平，仅少数呈倒“八”字形或菱形皱褶，耳较小且斜竖，嘴筒稍长而较尖，下颌狭窄，背腰微凹，腹部稍大，但不拖地，四肢直立、坚实有力、长短适中。被毛黑色。成年公猪体重约75千克，成年母猪体重约58.5千克。性成熟早，母猪头胎产仔数9～10头，三胎以上产仔数11～12头。肥育期日增重为281克，屠宰率为70.3%，瘦肉率为46%。

3. 海南猪

（1）基本情况

海南猪包括文昌猪、临高猪、屯昌猪。

（2）产地（或分布）

海南文昌、屯昌、临高等地。

（3）主要特性

头小，鼻梁稍弯，耳小而薄、直立、稍向前倾，耳根较宽广，嘴筒短而钝圆，体躯较丰满，背宽微凹，腹大下垂，臀部肌肉发达，飞节处有皱褶。毛色白多黑少，从头部沿背线直到尾根有一条黑毛、黑皮的宽带，俗称“黑背条”。成年母猪体重为94千克。性成熟早，15～20日龄小公猪有爬跨行为，60日龄有配种能力，90日龄配种；母猪3～4月龄第一次发情，7～8月龄配种。2岁母猪产仔数10头，3岁以上母猪产仔数12头。肥育期日增重为147～368克，屠宰率为69.4%，眼肌面积25.5厘米^2，瘦肉率为38.5%。

4. 蓝塘猪

（1）产地（或分布）

产于广东。

（2）主要特性

头大小适中，嘴筒稍扁而翘，额部有三角形和菱形皱褶，耳小直立、薄而尖，体躯宽深短圆，背腰微凹，腹大，臀部较平，四肢较矮小。毛色比较一致，体侧下半部、腹部和四肢均为白色，整个体躯黑白各占一半，黑白分界线比较平整，接近水平直线。成年公猪体重约127千克，成年母猪体重约85.5千克。母猪头胎产仔数8头，三胎以上母猪产仔数11～16头。肥育期日增重为397克，屠宰率为65.5%，背膘厚5.3厘米，眼肌面积19.5厘米^2，腿臀比例24.6%，瘦肉率为35.2%。

5. 金华猪（又名两头乌猪、金华两头乌猪）

（1）产地（或分布）

原产于浙江金华东阳，分布于浙江义乌、金华等地。

（2）主要特性

体形中等偏小，耳中等大。下垂不超过嘴，颈粗短，背微凹，腹大微下垂，臀部倾斜，四肢细短，蹄坚实呈玉色，皮薄、毛疏、骨细。毛色中间白、两头乌。按头型分大、中、小三型。成年公猪体重约112千克，成年母猪体重约97千克。公、母猪一般

5月龄左右配种，母猪三胎以上产仔数13～14头。肥育期日增重约460克，屠宰率为71.7%，眼肌面积19厘米^2，腿臀比例30.9%，瘦肉率为43.4%。具板油较多、皮下脂肪较少的特征，适于腌制火腿。

6. 太湖猪

（1）基本情况

太湖猪包括二花脸猪、梅山猪、枫泾猪、嘉兴黑猪、横泾猪、米猪、沙乌头猪。

（2）产地（或分布）

主要分布于长江下游江苏、浙江和上海交界的太湖流域。

（3）主要特性

体形中等，各类群间有差异，梅山猪较大，骨骼较粗壮；米猪的骨骼较细致；二花脸猪、枫泾猪、横泾猪和嘉兴黑猪则介于二者之间。头大额宽，额部皱褶多，耳特大、软而下垂，被毛黑色或青灰色。成年公猪体重为128～192千克，成年母猪体重为102～172千克。繁殖力高，母猪头胎产仔数12头，三胎以上母猪产仔数16头，排卵数25～29枚。60天泌乳量311.5千克。日增重为430克以上，屠宰率为65%～70%，眼肌面积15.8厘米^2。二花脸猪瘦肉率45.1%。

7. 莱芜猪

（1）基本情况

莱芜猪，又名莱芜黑猪，是我国华北型地方猪种黄淮海黑猪的一个类群。具有繁殖率高、哺育力强、耐粗抗病、杂交优势明显、肉质细嫩香醇等特性。莱芜猪能繁母猪的数量曾达到10 000头，莱芜猪核心群母猪200头、公猪12头，繁育群母猪1 210头、公猪18头，有6个血统。

（2）产地（或分布）

中心产区为山东莱芜，主要分布于莱芜及周边地区。

（3）主要特性

莱芜猪被毛为黑色，鬃毛比较突出，肚腹部比较大，外表与野猪相似。突出特点是性成熟早，发情明显，容易受胎，母猪产仔数多，利用年限长。小母猪2.5～3月龄、体重15～20千克时就可发情。一般4～6月龄、体重25～30千克时就可配种。一般年产两窝。莱芜猪具有很强的产仔能力，母猪头胎产仔数10头左右，经产仔数12～ 18头，存活率达96%以上。母猪2胎以后表现持续高产，直至15胎并无明显下降趋势，10年以上的母猪仍可使用，最长有18年者。莱芜猪肉质好，肌肉颜色深红，肌肉大理石纹明显，肌间脂肪含量高（10%左右），居山东地方猪种之首。但是，莱芜猪的缺点是肥育能力和胴体性能稍差。增重慢，体成熟晚，饲料利用率低。皮厚、背膘厚，眼肌面积比例小，瘦肉率低。

上述猪种中，产业化较好的是金华猪、陆川猪、莱芜猪和太湖猪。南方由于对风味比较讲究，海南猪在当地市场较受欢迎。一般而言，较少直接食用地方纯种猪，大部分都将地方猪种与杜洛克猪或巴克夏猪杂交生产，这样屠宰率和瘦肉率才易被市场接受。

第二章

猪的主要生产性状及性能测定

一、概　　述

猪的生产力广义上是指某个猪群一年能提供的上市猪肉量，即单头存栏母猪的造肉能力，通常以吨为单位。而习惯上，又用阶段性指标［PSY（pigs/sow/year，每头母猪年提供上市仔猪数）、MSY（market pigs/sow/year，每头母猪年提供上市肉猪数和/或每头生产母猪年提供猪肉产量）］来衡量，最常见的还是用PSY指标。养猪生产包括种猪生产和肉猪生产。种猪生产是为了繁殖后代，包括种母猪和种公猪的生产力；肉猪生产最终目的是生产猪肉，多用屠宰率、生产速度和瘦肉率或胴体价值来衡量。因此，特定猪群的生产力包括种母猪生产力、种公猪生产力，以及肉猪生产力。

（一）种母猪生产力

目前对猪繁殖性状的关注已逐渐由单胎次单性状指标转移到母猪年生产力（sow productivity per year）甚至母猪的终生繁殖性能（如前六胎综合性能）与利用年限上。母猪年生产力是指每头母猪每年提供断奶仔猪的数量，即前面所述的PSY指标。

种母猪生产力是指每头母猪每年提供断奶仔猪数和体重。法国学者提出度量母猪年生产力（Pn）的计算公式如下：

$$Pn = \frac{Ls(1-Pm)}{(G+L+lwc)} \times 365$$

式中：G=妊娠期（日）=114天；L=哺乳期（日）=21～28天，lwc=断奶至配种的间隔时间（日）=5～7天；Ls=每头母猪窝产活仔数（头），Pm=初生至断奶前的仔猪死亡率（%）。

从公式可以看出，影响母猪年生产力的基本因素主要有：每头母猪窝产活仔数、断奶前仔猪死亡率、哺乳期和断奶至配种的间隔时间（非生产天数）等，即每头母猪每窝断奶仔猪数和每头母猪每年分娩窝数。但该公式只表示母猪年提供断奶仔猪数，而母猪提供的仔猪重量与母猪的泌乳力紧密相关，通常用21日龄断奶窝重表示。

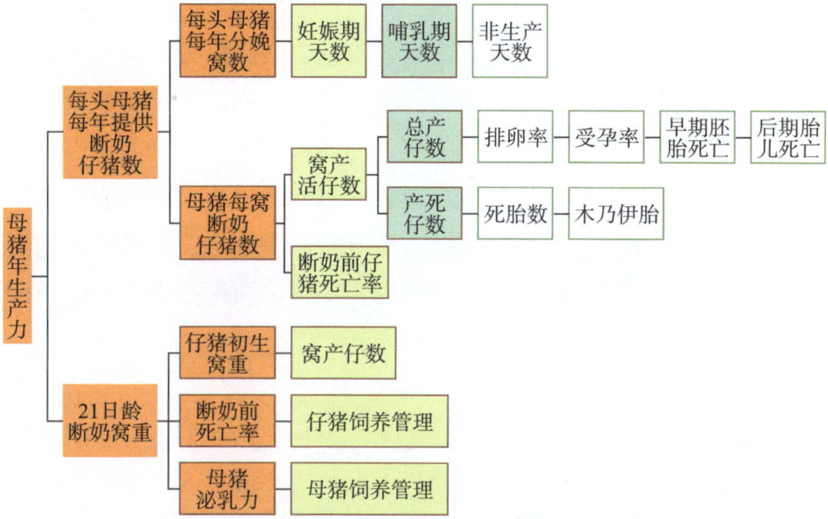

母猪年生产力组成因素分解图

要提高母猪年生产力，先要选择优良的后备母猪。对后备母猪的要求是繁殖指数高、生长指数较高、体质健壮、符合其品种特征、腹线外形好、有排列整齐的足够的乳头及外生殖器官发育正常。掌握不同品种猪的合适初配年龄和利用年限，适时配种，加强母猪和仔猪的饲养管理，减少仔猪死亡率。头胎母猪产仔数多的，一生总产仔数与之呈正相关，总数往往比其他多1～3头。后备母猪培育需有专门化的饲养管理程序，要引种并储备足够的后备母猪，以确保3～6胎经产母猪所占比例科学。如3～6胎经产母猪占45%，所有母猪平均胎次在2.5～3胎，则猪场的母猪年生产力即PSY最大化，从而可实现效益最大化。由此得出，每年引入后备母猪数要达存栏基础母猪数的60%～65%。

（二）种公猪生产力

饲养种公猪的目的是为猪场提供合格的精液，代表着高水平的断奶后性状的基因传递，并满足配种数量上的需求。种公猪生产力是指一头种公猪每年可以提供的有效精液份数，以及能带来高质量商品猪后代及效益的遗传能力。种公猪生产精液的质量和数量受到种猪的品种、饲养管理、合理使用、环境温度、饲料营养等因素影响。种公猪的精液质量很大程度地影响与配母猪的生产性能和产仔数量与质量，采集公猪的精液后需要进行品质鉴定，合格的才能使用，不合格的精液不能利用。精液品质鉴定主要包括肉眼检查指标和显微镜检查指标两种。肉眼检查包括：①射精量。②精液颜色。③精液气味。④精液酸碱度等指标。显微镜检查包括：①精子密度。②精子畸形率。③精子活力等指标。种公猪的繁殖力有明显的个体差异，其产精能力无法在遗传选育上进行选择，只能通过加强饲养管理和后备公猪培育、多阶段严格选留、科学饲养管理，以及注意肢蹄和体形表现等提升；过度采精或过少采精频次都会降低种公猪产精能力和减少后续的产仔数，一般后备公猪每周采精1次，1.5年以上的种公猪每周2次或每两周3次，每头种公猪每年平均提供精液份数按25份预计。

（三）肉猪生产力

肉猪生产力与种猪配套组合的性能遗传水平高度相关，饲料营养和饲养管理、科学及时上市等策略也是关键影响因素。肉猪生产力是指群体中每头肉猪在特定时间内提供的优质猪肉重量。

二、猪的主要性状及遗传

性状（traits）是指生物体所有特征的总和，表现为可遗传的发育个体和全面发育个体所能观察到的（表型）特征。猪的主要性状一般分为质量性状（qualitative traits）和数量性状（quantitative traits）。质量性状主要与品种特征、遗传基因有关，而数量性状一般影响着经济效益，多数重要经济性状都是数量性状的范畴。

质量性状是指受一对或少数几对基因控制，遗传效应呈现隐性、显性或不完全显性，在表型上表现为性状的间断或不连续变异，受环境影响小，各种变异间区分明显，能用一般形容词来描绘其变异特征的一类性状。一般可以对质量性状进行描述，而不可以度量。质量性状遗传关系简单，服从孟德尔遗传定律，且遗传效应稳定，受环境因素影响小。

猪场环境

数量性状是指在一个群体内的各个体间表现为连续变异的性状，如猪的体长、体高、产仔数等。数量性状在遗传上一般受微效多基因控制，不存在显隐性关系，且易受环境的影响，在一个群体内个体间的差异一般呈连续的正态分布，难以在个体间明确地分组。随着分子遗传学的发展，发现了一些控制数量性状效应较大的数量性状位点（QTL，quantitative trait loci），称主效基因，如氟烷基因、酸肉基因等，所以数量性状是由少数主效基因和微效多基因控制的。对数量性状的研究必须对研究群体中的个体进行测定，再应用统计分析方法进行归纳，只有以群体为研究对象才有意义。

氟烷基因型、酸肉基因型、乳头数量是质量性状还是数量性状值得初学者思考。

（一）猪的主要质量性状

猪的主要质量性状有体形外貌特征、血型、血液蛋白多态性、遗传缺陷、伴性性状等。

猪的体形外貌特征性状主要包括毛色、肤色、体形、耳形等性状，它们主要作为观察种猪遗传性是否稳定的依据，是其品种品系的重要特征。血型主要包括血液红细胞抗原因子和白细胞抗原因子，它们都具有丰富的遗传多样性。血液蛋白多态性主要是指血液蛋白质和酶具有遗传多态性。在猪育种的早期利用这两种多态性来对猪群的遗传变异和群体间的遗传距离进行研究，对揭示不同猪种的起源和进化起到积极作用，对选育群体的遗传变异或一致性评价、通过遗传距离预估杂交品系的选择和相互效果也有一定的意义。

遗传缺陷在猪中出现比例较高，可达2%～3%。产生遗传缺陷的原因主要是存在隐性有害基因，一般隐性有害基因纯合表现出明显症状，有的表现为形态学、解剖学或组织学上的缺陷；有的表现出生理学上的代谢功能障碍；有的生活力低，易感染某些疾病；更严重的遗传缺陷可导致妊娠期胎儿死亡或出生后不久死亡。因此，遗传缺陷是对动物生产危害性很大的一类质量性状。控制近交是防止遗传缺陷高比例出现的方法之一。另外，注意猪群健康和加强营养饲喂也可减少部分遗传缺陷的临床表现。在种猪选育中，当每个代次不断累积有利加性性状时，基因的纯合也会导致隐性有害基因的纯合及间隔表现。出现遗传缺陷时是留母不留公，还是同窝的都不留，是只限当代，还是连父、母、半同胞都淘汰停用，这要看选育方案的决策和该基因缺陷的危害与经济价值折损情况。

伴性性状，属于限性质量性状，在鸡育种中性别鉴定非常重要，但猪中还未见到该类似性状的相关报道。

1. 质量性状的遗传机制

质量性状一般受一对或少数几对等位基因控制。由一对等位基因决定的呈隐性遗传的性状，只要表型出现这类性状就可判断其基因型为隐性纯合体。由多对基因控制的质量性状的遗传方式相对较为复杂，需要按照孟德尔遗传定律来分析其遗传方式。但是对于显性遗传的性状，从表型难以判断是显性纯合子还是杂合子，因此要确定其基因型，需要利用侧交方式，尤其是基因检测方式。对于隐性遗传的性状，其杂合子也往往要通过基因检测来确定。

质量性状的遗传方式主要有常染色体遗传和性染色体遗传两种。常染色体遗传：根据疾病发病是由显性基因所致还是隐性基因所致可分为常染色体显性遗传和常染色体隐性遗传。常染色体显性遗传根据杂合子基因的显性程度可分为三种形式：①完全显性：突变基因有显性和隐性之分，其区别在于杂合状态（Aa）时，是否表现出相应的性状。若杂合子（Aa）能表现出与显性基因A有关的性状，其遗传方式称为显性遗传。当基因处于杂合状态（Aa）均表现出像纯合子一样的显性性状时，称为完全显性。如猪的白毛对黑毛为完全显性。②不完全显性：杂合子（Aa）的表现型处于显

性纯合和隐性纯合之间，这种遗传方式称为不完全显性或半显性。杂合子（Aa）中的显性基因A和隐性基因a都有一定程度的表达。③共显性：一对常染色体上的等位基因，彼此间没有显性和隐性的区别，在杂合状态时，两种基因都能表达，分别独立产生基因产物，这种遗传方式称为共显性遗传。

（1）常染色体隐性遗传

常染色体隐性遗传即控制性状的基因位于常染色体上，隐性等位基因纯合（aa）时表现相应性状，而在杂合状态时不表现相应性状。

（2）显隐性上位作用和重叠作用

两对基因共同影响一对相对性状，其中一对基因能够抑制另一对基因的表现，这种作用称为上位作用（epistatic effect）。起抑制作用的基因称上位基因（epistatic gene），被抑制的基因称为下位基因（hypostatic gene）。如果上位基因是显性基因，则只要有一个上位基因就可以发挥作用；如果上位基因是隐性基因，则必须纯合时才能发挥作用。重叠作用：指有两对基因的显性作用是相同的，个体内只要有任何一对基因中的一个显性基因，即可以表现出相应性状；当这两对基因均为隐性纯合时，不表现相应的性状，而这两对基因同时存在显性时，与只有一个显性基因时的性状表现一致。

（3）伴性遗传

伴性遗传即性状是由性染色体上的非同源部分的基因控制，性状表现与性别有关的遗传方式。家畜和家禽的染色体有XY型和WZ型。以XY型为例，其X染色体和Y染色体有一部分是同源的，该部分基因互为等位关系，其所控制的性状的遗传行为与由常染色体基因控制的性状的遗传行为相同；另一部分是非同源的，该部分的基因不互为等位，X染色体非同源部分的基因与Y染色体非同源部分的基因无配对关系，无功能上的联系，这些基因称为半合基因，由半合基因控制的性状称为伴性性状，因为这些性状的遗传与性别有关，称为伴性遗传或性连锁遗传。在体细胞里，X染色体有时成双存在（雌性），有时成单存在（雄性）。在成单情况下，非同源部分的隐性基因也能表现其作用，这点与常染色体上的基因表现性状的情况不同。另外，Y染色体非同源部分的基因远远少于X染色体非同源部分基因，故伴性遗传的性状多受X染色体上非同源部分基因控制。WZ型与XY型的伴性遗传方式同理，如鸡的矮小基因、快慢羽基因都是伴性遗传。

（4）限性遗传

限性遗传指只在某一性别中表现的性状的遗传方式。这类性状多数是由常染色体上的基因控制，如单睾、隐睾、乳头数量等。也有含有限性性状基因却不表现性状的情况，但在外界条件刺激下，出现性反转现象。

猪场入口

2. 质量性状的遗传特点

（1）血型及血液蛋白型的遗传

猪的血型和血液蛋白型也是稳定遗传的质量性状，符合孟德尔遗传定律。血型的鉴定采用抗原抗体反应来判定，血液蛋白（酶）型一般采用琼脂糖凝胶电泳或聚丙烯酰胺凝胶电泳来鉴定。利用血型和血液蛋白多态性可对品种、品系及个体间亲缘关系、品种（系）进化过程进行分析，还可以预测不同品种和品系间的杂交优势，也可以对某些经济性状进行间接选择，估计育成的新品种（系）中不同品种（系）的参与程度。

目前已知猪的红细胞抗原有16个血型系统，70多种抗原因子，此外猪还有3个白细胞抗原型位点，可用于选育抗病和抗应激品系等。

（2）毛色

猪的毛色是最容易辨认的一项外形特征，一个品种内的不同类群和各个个体都能保持相对一致的毛色。猪的毛色主要有7种类型：①野猪色（暗棕灰白色）。②全黑色。③全红色。④多米诺黑斑。⑤黑色或红色花斑。⑥黑色带白点。⑦白色。猪的毛色至少受7个基因位点控制，包括显性白色（I位点）、毛色扩展（E位点）、白肩带（Be位点）、白头（He位点）、野生型位点（A）、淡化位点（D）、白化位点（C）。毛色基因都是成对存在的，成对基因一方来自父亲，另一方来自母亲，符合孟德尔遗传定律。

猪毛色的遗传情况见表2。白色对有色（黑色、棕色和花斑等）呈显性，黑色对棕色、红色和白化呈显性，黑色六白（巴克夏猪）对黑色或红色（杜洛克猪）呈显性，黑色有白肩带（汉普夏猪）对红色（杜洛克猪）和黑六白呈显性。白色品种与我国一些黑色地方猪种（如北京黑猪等）杂交的第一代（F_1代）基本呈白色，但有些个体出现青皮或黑斑，个别还出现类似野猪毛色的背线。

野猪色对黑色和红色呈不完全显性。长白猪和约克夏猪毛色都为白色，这种白色是由I基因的上位作用控制的。长白猪和黑色、花斑、棕色猪种杂交时，一般后代全为白色，即白色对有色为显性，长白猪的斑纹毛色也呈显性，但长白猪和黑色的东北民猪杂交的后代会出现大量黑斑或青皮。

表2　猪毛色的遗传情况

显性	隐性
白色（大白猪、长白猪）	有色（黑色、棕色和花斑）
黑色（北京黑猪）	棕色（杜洛克猪）、红色
黑色六白（巴克夏猪、波中猪）	黑色或红色（杜洛克猪）
野猪色、暗棕灰色、灰黑色	黑色、棕色
单色	斑纹
黑色有白肩带（汉普夏猪）	黑六白（巴克夏猪）、红色（杜洛克猪）

（3）耳形

猪的耳形是其品种显著标志之一，每个品种都有特有的耳形。猪的耳形主要有垂耳和竖耳两种。一般情况下，垂耳对竖耳呈显性或不完全显性，竖耳是隐性纯合子，所以易于从表形准确判定其基因型。耳形遗传符合孟德尔遗传定律，如长白公猪（垂耳）与大白母猪（竖耳）杂交的F_1代全为垂耳（杂合子），F_2代垂耳与竖耳的比例为3∶1。为了鉴别长白猪是不是纯种，可与竖耳大白猪杂交，如果后代出现竖耳，则该长白猪的品种不纯。

（4）体形

猪的体形和体重大小按照孟德尔遗传定律呈中间遗传，即大体形品种和小体形品种杂交，F_1代的体形和体重处于中间状态，F_2代会分离，出现大小不同的体形和体重。

（5）头形

猪的头形也是其品种显著标志之一，每个品种都有特有的头形。比如，大约克夏猪的头短小，嘴筒较短；而长白猪头长，嘴筒长直。头的长短、形状、宽窄呈中间遗传。

（6）肤色

猪的肤色也是其品种特征之一。如长白猪、大白猪的肤色为白色，若有斑点，则该猪的品种不纯。

（二）猪的主要数量性状

1．数量性状的遗传机制

数量性状的定义是，一个群体内的各个体间的变异呈连续性，能够度量，但个体之间的界限不明显，无法用少数种类来划分其类别，更不能求出不同组之间的比例，因而不能用分析质量性状的方法来分析数量性状。数量性状的特征：①个体间的差异是连续的，如瘦肉型猪和脂肪型猪杂交，F_1代的瘦肉率介于两亲本之间，F_2代的瘦肉率出现分离，只能用一定尺度测量性状的表型值，再用统计学方法加以分析；②容易受环境的影响，由于环境的影响，纯合亲本或基因型一致的子一代的表型也呈现连续变异。F_2代的变异一方面是由于基因重组，另一方面受环境的影响。重要经济性状往往属于数量性状，个体表现差异呈正态分布。

数量性状的遗传机制一般用多基因假说来阐述，其要点为：①数量性状由若干对基因控制。②每对基因对于性状的效应都很微小，而且大致相等，1941年英国数量遗传学家K·马瑟把这类控制数量性状的基因称为微效基因，相应地把效应显著而数量较少的控制质量性状的基因称为主效基因。③数量性状是由这些微效基因共同作用的结果，控制同一数量性状的微效基因的作用一般是累加的。④控制数量性状的等位基因间一般没有明显的显隐性关系。

⑤微效基因容易受环境的影响，数量性状是由遗传与环境因素共同作用的结果。随着分子遗传学的发展，发现了一些控制数量性状的主效基因，而且发现畜禽的QTL效应呈γ分布，因此微效多基因假说也随之得到发展，数量性状可以由少数主效基因和数目较多、效应微小的微效多基因控制。

数量性状由微效多基因控制，易受环境的影响，在一个群体内个体表现差异一般呈连续的正态分布，无法用孟德尔遗传定律来分析其遗传机制，而是通过对群体的表现型变异（表型值）分析来推断性状遗传变异情况。通常都需要借助数理统计的分析方法来分析数量性状的遗传规律，一般用群体平均数、方差、协方差等统计学术语来表示数量性状的特征。

对数量性状的表型值进行剖分，$P=G+E$，而对数量性状的遗传规律的分析主要用三性，即同一性状在不同的群体中的参数有所不同，但同一性状的遗传参数的变动范围不会太大，一般具有一致的趋势，如遗传力（h^2），与繁殖性能有关的性状的遗传力都较低（$h^2<0.1$），而与生长发育有关的性状的遗传力都是中等大小（$0.1\leqslant h^2\leqslant 0.3$），与胴体结构相关的性状都具有较高的遗传力（$h^2>0.3$）。

遗传参数的估计是研究数量性状的一个重要工作。遗传参数是通过对数量性状的表型方差进行剖分来估计的。数量性状的方差组分剖分公式为$V_P=V_G+V_E$，将遗传方差进一步剖分，公式变为$V_P=V_A+V_D+V_I+V_E$，公式中：V_P为表型方差组分、V_A为加性效应方差组分、V_I为上位效应方差组分、V_D为显性效应方差组分、V_E为环境效应方差组分。

遗传力是指群体中各数量性状受遗传因素影响的程度。理论上，用遗传方差占表型方差的比例来表示遗传力，称为广义遗传力，即 $h_{广}{}^{2}=\dfrac{V_A+V_D+V_I}{V_P}$ 。而在实际生产和育种中，遗传方差中的 V_D 和 V_I 很难计算，而且它们是不能遗传给后代的，所以一般用加性遗传方差占表型方差的比例来表示遗传力，称为狭义遗传力，即 $h_{狭}{}^{2}=\dfrac{V_A}{V_P}$ 。遗传力是一个统计学的概念，是针对一定的群体而言，它随着遗传变异或者环境改变而改变，遗传力的高低，表明该性状的表型值能遗传给后代的比例的高低，所以遗传力在育种中占有重要地位，能很好地指导育种，也是制订、修订育种计划的重要依据。

重复力是指同一数量性状在同一个体中的多次度量值之间的相关程度。在对表型值进行剖分的过程中，环境效应可剖分为永久性环境效应和暂时性环境效应，即 $E=E_P+E_T$ ，因此 $P=G+E_P+E_T$ 。假定基因型效应、永久性环境效应和暂时性环境效应之间都不存在相关性，则 $V_P=V_G+V_{E_P}+V_{E_T}$ ，因此重复力可定义为 $r_e=\dfrac{V_G+V_{E_P}}{V_P}$ 。重复力可用于验证遗传力估计的正确性；重复力也是组内相关系数，因而它还可以用于确定性状需要度量的次数，重复力高的性状只需要度量少数次数就可以表示该性状的表型值，反之，则需要增加度量次数。产仔数的度量或记录值得参考。

遗传相关是指同一个体两个数量性状之间由遗传因素导致的相关程度，性状间的遗传相关是由基因的一因多效和基因间的连锁不平衡造成的。遗传相关是同一个体两个性状的基因型中累加效应之间的相关，它等于两性状的遗传协方差与各性状遗传标准差乘积之比，$r_{xy}=\dfrac{\mathrm{Cov}(V_{A_X},V_{A_Y})}{\sigma_{A_X}\sigma_{A_Y}}$ 。遗传相关可以反映基因型间的相关程度，所以可以利用遗传力进行间接选择，即利用遗传力高的性状来间接选择与它有较高遗传相关但遗传力低或不易测量的经济性状，以提高选择效果。饲料转化率往往通过与瘦肉率、日增重的遗传相关来提高。

2. 数量性状的遗传特点

猪的重要经济性状大多数为数量性状。猪的主要数量性状与猪的生产力密切相关，主要有与母猪生产力相关的繁殖性状、与公猪配种能力相关的性状，以及与肉猪生产力相关的生长发育性状和屠宰后的胴体性状、肉质性状等。

（1）种母猪繁殖性状

母猪生产力性状主要是与母猪繁殖力相关的性状，主要包括每头母猪每胎的总产仔数、窝产活仔数、仔猪初生重、初生窝重、窝断奶仔猪数、21日龄断奶窝重及年产仔窝数。

总产仔数是指母猪每胎产仔总数，包括健仔、死胎、畸形仔、弱仔和木乃伊胎。该性状表示母猪的繁殖性能的潜力，受排卵数、受精率和胚胎成活率三个因素的影响。

在一个发情周期内，母猪排出的卵子数均多于产仔数，可达14～24枚。通常将母猪在一个发情周期内的排卵数称为猪的潜在繁殖力。受精率的高低，受精子和卵子的生活力及其配合力及配种时间、方式等因素的影响。猪是自发性排卵的动物，排卵时间多在发情后期，与发情持续时间的长短成正比，也称异期排卵动物，所以，受精率一般较其他家畜高。

猪的胚胎成活率一般较低，是实际繁殖力与潜在繁殖力之间差距较大的主要原因。猪胚胎死亡大部分发生在受精后25天内。一般认为，猪胚胎的死亡时期有3个高峰：①受精后第9～13天，即受精卵着床的初期。②妊娠后大约第3周，即器官形成期，该时期胚胎的死亡率占合子的30%～40%。③妊娠后期60～70天时，胎盘停止

生长，而胎儿迅速生长，此时也易引起胎儿死亡。胚胎能否成活在着床前取决于合子的生活力，着床后取决于子宫条件。国外在研究太湖猪的高繁殖性能时，认为子宫内环境与胚胎成活率有很大关系。有学者认为，胚胎与子宫内膜的相互作用是高繁殖力的主要决定因子。也有学者认为，梅山青年母猪产仔数高的主要原因是胚胎死亡率低，这与子宫内各种激素分泌较早及前列腺素的产量较高有关。试验表明，梅山猪在妊娠30天时，胚胎存活率为85%～90%，而大约克夏猪只有66%～70%。有研究表明，梅山猪在排卵数及胚胎存活率方面均比大约克夏猪高，并进一步指出，卵子成熟不完全及染色体异常是胚胎死亡的重要原因。

总产仔数的遗传力较低，一般只有0.1左右，原因有：①加性遗传方差小。②环境方差过大。③负的母体效应（maternal effects）。

猪的产仔数受母猪泌乳期、初配年龄、胎次、排卵数、交配次数、交配时间、交配方式、公猪精液品质、公猪的性机能、受精率、胚胎死亡、子宫内环境、子宫能力、季节、环境温度及营养与饲养管理等因素的影响，从而造成环境方差加大，而遗传方差相对减小，导致遗传力很低。

母体环境的负效应会造成来自产仔数多的窝次青年母猪生理成熟期推迟，达到初配年龄时生殖系统及其机能发育不完善，导致产仔数少。窝越大则母体环境负效应越大，从而造成两代在产仔数上呈负相关，即出现“多子而寡孙，或寡子而多孙”的现象。母体环境负效应的存在可能带来两方面的后果：一是使产仔数的遗传力估计向下偏倚；二是对产仔数的选择反应产生不利影响。

母猪总产仔数与初生窝重、泌乳力、断奶仔猪数、断奶窝重等重要经济性状有较强的表型相关，即一窝产仔数越多，其他性状指标也越高。因此，母猪产仔数是其繁殖力的主要指标，但因该性状遗传力低，选种效果不显著。而产仔数与仔猪个体初生重呈负相关，即产仔数超过一定限度时，产仔数越多，个体初生重就越小，初生窝重越大。

窝产活仔数是衡量母猪生产力的一个重要指标。影响窝产活仔数的主要因素有：胎次，母猪的总产仔数和窝产活仔数在1～6胎呈上升趋势，3～6胎最高，6胎以后开始下降；遗传因素（品种）对产仔数有重要影响，就国内外普遍使用的大约克夏猪、长白猪、杜洛克猪3个品种来看，一般大约克夏猪的总产仔数和窝产活仔数最多，长白猪次之，杜洛克猪最少。中国的地方品种比国外品种的产仔数多，其中以太湖猪最为突出。母猪窝产活仔数还受排卵率、胚胎死亡率、配种管理、营养因素、妊娠期长短、泌乳期长短等因素的影响。

母猪窝断奶仔猪数取决于窝产健仔数。如果总产仔数多，但无效仔猪数量多，也无意义。母猪总产仔数主要受配种公猪的精液品质、母猪的膘情、配种时间等因素影响。母猪的泌乳力、妊娠期管理、疾病等影响仔猪在哺乳期的死亡率，从而影响窝断奶仔猪数。

母猪年产仔窝数即每头母猪平均年产仔窝数，是衡量一个母猪群的繁殖性能的重要指标。影响母猪年产仔窝数的因素有情期受胎率、母猪分娩率、哺乳期长短等。

情期受胎率，指在第一个发情期即可受胎的母猪占所配母猪的比例，正常情况下为85%～90%。情期受胎率低会延长母猪空怀期，增加非生产天数，从而减少母猪的年产仔窝数，造成饲料和人工浪费，增加养猪成本。

母猪分娩率，指对应批次产仔母猪占受胎母猪的比例。分娩率越高，母猪年产仔窝数越多。此期间的主要损失是流产，加强母猪妊娠期管理可有效减少怀孕母猪流产现象的发生。

哺乳期长短，也影响母猪年产仔窝数，但过早断奶会影响仔猪的生长发育和母猪子宫的复旧、断奶至母猪配种间隔时间、母猪的受孕率及分娩率、下一胎产仔数等。综合考虑断奶日龄对母猪繁殖性能和仔猪生长发育的影响，我国规模化猪场的断奶时间一般为21～28天。

（2）种公猪配种能力相关性状

一般情况下，评价一头公猪的性能主要看种公猪的配种能力、精液品质和利用年限。公猪的配种能力就是公猪能提供合格精液份数的能力，这与公猪的采精量和精液品质密切相关。

公猪的采精量在采精过滤后一般为150～300毫升，高的可达400～600毫升。如果过滤后的采精量低于100毫升，就属于采精量偏少。公猪的采精量既受个体差异、品种、年龄、体格、健康水平等因素的影响，也受季节、管理方式、小气候控制的影响。从个体差异上看，公猪的生精能力与其睾丸长轴的长短和睾丸体积大小密切相关。特定的公猪的采精量与公猪的年龄、配种或采精频率、公猪体况和健康状况、环境温湿度有很大的关系，所以合理的采精间隔、营养、疾病控制和环境控制是保证公猪正常采精量的前提条件。

精液合格与否，先看精液的颜色和闻气味是否正常。正常精液的颜色为从浅灰白色到浓乳白色，精子的密度愈大，颜色愈白。如果精液颜色异常，则精液不纯或公猪有生殖道病变，呈绿色或黄绿色时则可能混有化脓性物质，呈红色时则可能混有新鲜血液，呈褐色或暗褐色时则有陈旧血液及组织细胞，呈淡黄色时则可能混有尿液等。正常的公猪精液含有其特有的微腥味，没有腐败恶臭的气味。有特殊臭味的精液一般混有尿液或其他异物。颜色和气味异常的精液不能使用。

评定公猪的精液品质的参数主要有精子密度、活力、畸形率（外形和顶体的完整性）。

精子的密度和活力这两个基本参数常用于在精液处理前筛选精

液，它们也是计算精液稀释倍数的基本参数。精液稀释倍数的公式：$\text{稀释倍数}=\dfrac{\text{精子密度}\times\text{活力}}{\text{每份精液的总精子数}}$。精液密度测定一般用红细胞计数器，该方法比较准确，但比较费时，现在种猪场一般采用精子密度仪，能很快测到其密度，但也有可能将精液中的一些杂质算为精子，准确性稍差一点。正常精液精子密度平均2.5亿/毫升，从镜检看，精子密度高的精液往往呈云雾状。

精子活力是指原精液在温度为37℃时呈直线运动的精子占全部精子总数的百分率。精子活力的高低与受配母猪的受胎率和产仔数有较大的关系，所以精子活力是衡量精液质量的一个重要指标，在生产中，对新鲜精液精子的活力要求是高于0.7，稀释后的精液精子活力高于0.6才能使用。

精子的外形和顶体的完整性对精子的生存力有影响，外形和顶体不完整的精子属于畸形精子，主要包括巨型、短小、断尾、顶体脱落、有原生质滴、大头、双头、双尾及折尾等精子。这些精子一般不做直线运动，受精能力差，精子的畸形率一般不能超过18%，否则不能使用。

（3）猪产肉能力性状

猪的产肉能力性状主要包括猪的胴体的组成性状，如：屠宰率、胴体瘦肉率、肉脂比、胴体长、背膘厚、眼肌面积、腿臀比例等性状，而对于一个猪群来讲，猪的产肉能力与猪群的出栏率有较大的关系。

1）屠宰率。屠宰率指胴体重占屠宰前活重的百分比。屠宰率高的说明产肉量高，一般屠宰率应不低于70%，高可达80%。屠宰率具有中等的遗传力，约为0.32。屠宰率与胴体重的表型相关，与饲料利用率呈弱的正相关，即屠宰率高的猪每千克增重所需的饲料也少。

2）胴体瘦肉率。胴体瘦肉率指将新鲜胴体剖分为瘦肉、脂肪、皮和骨4种成分，其中瘦肉占4种成分之和的比例。瘦肉率的遗传力约为0.46。

3）肉脂比。肉脂比指以脂肪为基准计算所得的瘦肉与脂肪的比例。肉脂比的遗传力为0.46～0.6。胴体的肉脂比是评价胴体品质的重要指标之一。品种、饲料中的营养水平和屠宰时的体重对胴体肉脂比的影响极大。由于这个性状有较高的遗传力，可期望获得良好的选择效果。

4）胴体长。胴体长分斜长和直长两种。从趾骨联合前缘中心点至第一肋骨与胸骨接合处中心点的长度为斜体长。由第一颈椎前缘至趾骨联合前为体直长。这个性状是能否获得产量高的瘦肉和肉排的先决条件，要求被屠宰的猪有一个长的躯体。体躯的长度依赖于胸椎和腰椎的数量。家猪的胸腰椎骨数在20～30个，每增加一个椎骨数，体长就可以增加1.84厘米。因此，增加椎骨数可以增加胴体的长度，增加胸椎数的同时必然增加肋骨数，相应增加肉排的产量。长白猪的胸腰椎有22个以上（占80%），肋骨有16对，比一般猪多2对。胴体的长度在很大程度上受遗传的影响，胴体长的遗传力较高，约0.6，而椎骨数的遗传力为0.75，两者有强的遗传相关。

5）背膘厚。一般测定第六和第七胸椎接合处垂直于背部的皮下脂肪层厚度，不包括皮厚在内。平均背膘厚测定三点：A.肩部最厚处。B.胸腰椎联合处。C.腰荐椎接合处。取三点平均值。目前多采用探针（尺）活体测量法或超声波测膘仪测定法。背膘厚的遗传力较高，为0.4～0.7，可对背膘厚进行直接选择，效果明显。背膘厚与日增重、饲料利用率、胴体瘦肉率呈负的遗传相关，所以育种中将背膘厚作为主选性状之一。

6）眼肌面积。一般指左半胴体胸腰椎接合处背最长肌的横截面面积。眼肌面积的遗传力为0.4～0.7，通过选择能获得良好的遗传进展。眼肌面积与胴体瘦肉率呈强正相关（表型相关，遗传相关），与背膘厚呈负相关（表型相关），与肥育期饲料消耗呈负相关。眼肌是胴体中最有价值的部位，因此它的面积或深度是评定胴体产肉能力的重要指标。

7）腿臀比例。在最后腰椎与荐椎接合处，和背线成直角作垂直切割，此部分为腿臀，该部分重量占胴体重的比值即为腿臀比例。遗传力约为0.4。经系统选择的品种腿臀比例约为1/3。腿臀部分瘦肉含量高，因此其产肉量与整个胴体产肉量之间呈强相关。腿臀比例也是育种时的选择性状之一。通过外形测量腿臀围的大小可以评价腿臀部的状况，该性状进行个体表型选择有效。

8）出栏率。出栏率=（期内出栏头数/期初头数）×100%，表示猪群肥育效率和周转能力的一个重要指标。

3. 阈性状

阈性状（threshold trait）是介于质量和数量性状之间的一类性状，它具有一个潜在的连续性变量分布，其遗传基础由微效多基因控制，但表型是非连续性的一类性状。阈性状具有潜在和表型两个不对应的分布，一个是造成这类性状的某种物质的浓度或发育过程的速度的潜在的连续分布，呈正态分布或经过统计学转化后具有正态分布的特征；另一个是表型的间断分布，一般用有限几个表现的相对发生率来表示，具有二项式和多项式分布的特征。这类性状的特征：①由多基因控制。②表型为非连续型，存在一个或多个“阈”，即临界点（阈值），阈的一侧表现一类性状，阈的另一侧表现另一种情况，如抗病力性状（健康或患病、存活或死亡），但一般用作阈性状分析的都是少于三个阈值的性状，阈值过多的性状应当作一般数量性状来处理，如猪的产仔数。阈性状属于一类特殊的数量性状，其遗传机制与数量性状类似。

（三）猪的主要遗传缺陷

遗传病是指由遗传物质（基因、染色体）变异引起的疾病。不同品种或猪群中的某些遗传疾病表现为机体某一部分或某几部分有解剖组织上的缺陷，对致病因素易感性升高，代谢障碍，产畸形胎，妊娠期引起胎儿死亡、萎缩和流产等的有害性状。猪的有害性状包括致死、半致死和畸形性状，它们都是由有害基因引起的。凡由致死基因制约，使仔猪因在生理上和形态上出现严重缺陷，而在胚胎期或出生后不久全部死亡的性状，叫致死性状。由半致死基因制约，导致幼猪出现严重缺陷而在出生后或到达繁殖年龄以前死亡，且死亡率超过50%的性状，称为半致死性状。畸形基因（或称有害基因）产生畸形性状，它不引起死亡，但能引起一些终生性的缺陷，会使寿命缩短或降低生产力，从而影响猪的经济价值。

猪遗传病和先天性缺陷的发生频率在家畜中是较高的，据估计为2%～3%。主要遗传有害性状见表3。

表3　猪的致死、半致死及畸形性状

缺陷部位/症状	致死、半致死性状	畸形性状
头部	脑水肿、脑裂、耳裂	唇裂、下颌缺失
躯体	脊椎缩短、脊柱弯曲	乳房缺陷
四肢	完全没有四肢、前肢肥大、内翻腿、四肢弯曲	骡脚、骨骼变形、多趾、后肢麻痹、前肢强直
皮肤、被毛	局部缺皮	背部螺旋毛、羊毛状毛
肠道	锁肛	脐疝
生殖器官	—	隐睾、阴囊疝、雌雄同体、生殖器官变态
代谢紊乱	水肿	—
痉挛、瘫痪	肌肉痉挛、后肢瘫痪	—
其他	血友病	应激综合征

猪的致死、半致死和畸形等一类遗传疾病性状由少数基因支配，存在显隐性区别，性状之间界限明显，属于质量性状范围，它们的遗传方式根据控制这些疾病的基因所处染色体的性质及基因在子一代的表型，可分为单基因遗传（常染色体显性遗传、常染色体隐性遗传、性连锁遗传）、多基因遗传和染色体遗传。

1．单基因遗传缺陷病

（1）常染色体显性遗传

常染色体显性遗传是指遗传性状或遗传病的有关基因位于常染色体上，且这种基因为显性。常染色体显性遗传，简称显性遗传。这种基因控制的遗传疾病类型称为常染色体显性遗传病。致病基因可以是生殖细胞发生突变而新产生，也可以是从双亲任何一方遗传而来的。这种遗传病遗传表现有以下特点：①患者的双亲往往有一方是患者，通常杂合子发病，如双亲无病，子女一般不发病，除非发生新的基因突变。②患者的同胞（半同胞）中，约有1/2的个体发病，小家系有时反映不出这样的比例，但如果将许多小家系的群

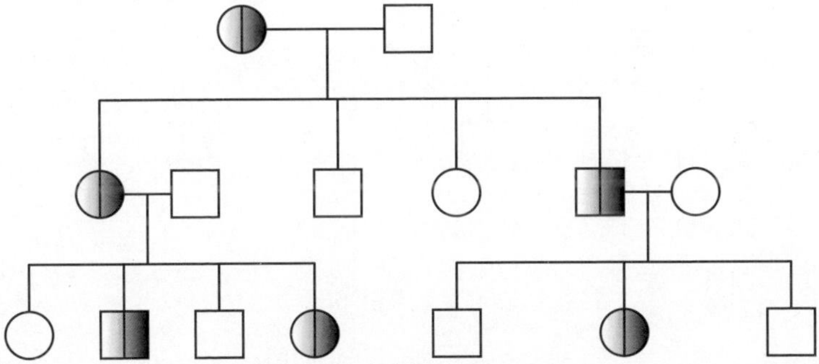

常染色体显性遗传系谱示意

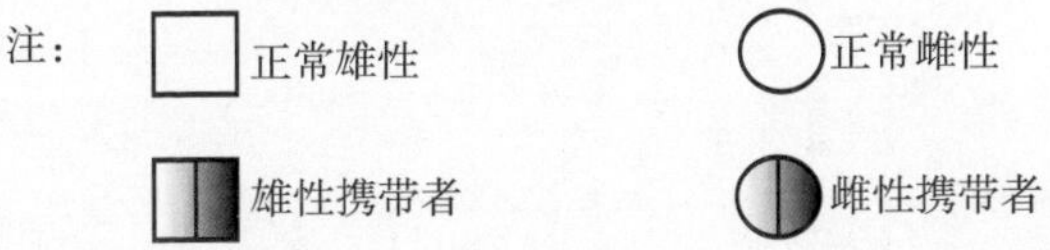

体统计起来分析，就会看到近似的比例。③由于是显性基因决定发病，所以连续数代，每代都可以发现患者。④致病基因在常染色体上，与性别无关，所以公、母患病概率均等。但在某些情况下，控制疾病的基因为不完全显性，所以会出现隔代遗传的现象，或者两个等位基因共显性或等显性，因此在杂合状态时，两个等位基因的作用同样得以表现。猪的常见常染色体显性遗传疾病主要是先天性软骨发育不全、多趾、多囊肾病等。

（2）常染色体隐性遗传

常染色体隐性遗传，其致病基因在常染色体上，基因性状是隐性的，即只有隐性纯合子时才显示病症。这种遗传病的主要特征是患病个体父母双方均为致病基因携带者，多见于近交的后代。后代有1/4的概率患病，公、母患病概率均等，呈散发性，如父母是患者，则后代全部都患病。很多遗传病都是这种遗传类型，许多遗传代谢异常的疾病也都属于常染色体隐性遗传病。这些遗传代谢病的

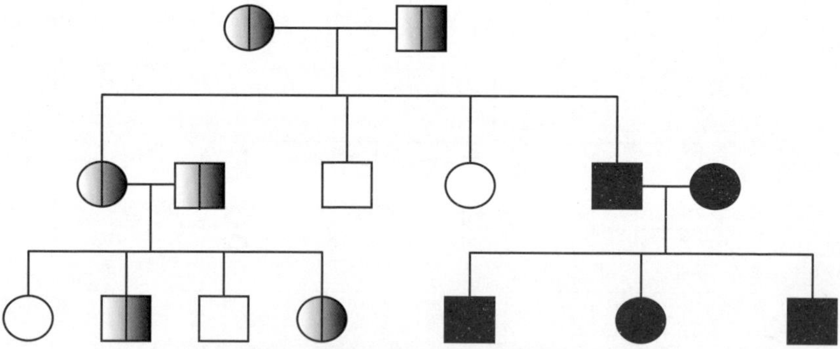

常染色体隐性遗传系谱示意

注：

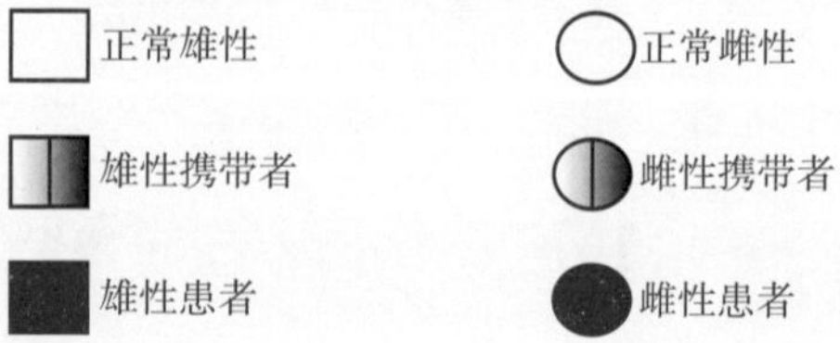

酶或蛋白分子的异常，来自各自编码基因的异常。猪的常见常染色体隐性遗传病有隐睾症、前肢肥大、关节弯曲、先天性肢蹄外展综合征、疝气、小眼球和无眼球畸形、猪应激综合征等。

1）隐睾症。隐睾症包括睾丸下降不全和睾丸异位。在雄性动物发育的早期阶段，睾丸存在于腹腔，之后其睾丸在下降过程中遇到障碍，“抛锚”于下降途中，导致阴囊里找不到睾丸，即隐睾症。根据睾丸下降的位置，若下降到腹股沟，称为腹股沟隐睾；下降到腹部的称腹部隐睾。根据下降的睾丸数量，若一侧睾丸下降到阴囊，另一侧仍在腹腔或腹股沟，则称为单睾；若两侧睾丸都没有下降，则称为双侧隐睾。睾丸异位是指睾丸离开正常下降途径，到达会阴部、股部、耻骨上甚至对侧阴囊内。隐睾症在猪中的发生率较高，该症主要的变化是睾丸，如果是双侧隐睾，一般无精子产生，如为单侧隐睾，仍具受精能力，但精液质量较差。单侧隐睾一般较双侧隐睾多，两者比例约为5∶1。有隐睾症的公猪不能留作种用，产生隐睾症后代的种公猪、种母猪也应淘汰。

2）前肢肥大。前肢肥大又称粗腿病，多见于猪，是循环障碍的一种表现，患病的新生仔猪一出生就有这种缺陷，肌肉萎缩和皮下结缔组织水肿。患猪一般前肢患病，严重病例后肢也可变粗。出现该病的猪多数不能存活，少数能存活的仔猪也无饲养价值。前肢肥大属常染色体隐性遗传病，该基因纯合时致死，完全外显，但在后代中的表现度变化很大。前肢肥大常见于近交猪群中，并与锁肛、赫尔尼亚（疝气）、独眼、隐睾等并发，且都为某特定公猪或品系的后代。

3）关节弯曲。关节弯曲在猪中也有报道，是指由致死性肌挛缩引起的关节僵硬。该病在大约克夏猪中较常见，主要表现为曲肢，畸形仔猪前膝弯曲，因难产常致胎儿死亡。

4）先天性肢蹄外展综合征。先天性肢蹄外展综合征在猪中发生率很高，俗称“八字腿”。先天性肢蹄外展综合征可能是大型生产系统饲养的仔猪易患的一种病，在新生仔猪中也有报道。有学者发现在一个猪群的1 285头仔猪中有144头患病，发生率大约为11.2%；还有学者发现在长白猪的杂交后代中该病发生率达53.3%。患猪大多数不能使用前肢和内收肌，因而不能站立和行走，有的后肢也不能站立，除此一般无其他症状。由于该病具有先天性和遗传性的特征，环境因素也可能对其产生影响，所以该病可能为一种多基因病。

5）疝气。疝气是指内脏器官通过体壁的生理孔或病理孔脱至皮下或其他体腔引起的疾病，又称“赫尔尼亚”。临床上最多见的是阴囊疝、脐疝、腹壁疝。从遗传学的角度考虑，大脑疝、阴囊疝、腹股沟疝、脐疝、腹壁疝已被证明是遗传的。国外的资料表明，发病率最高的是脐疝，在我国，比较多见的是阴囊疝。阴囊疝虽不致死，但是一种遗传缺陷，还常与两性畸形及锁肛并发，它影响猪的生长速度和销售等级，有时还造成经济损失。猪的阴囊疝发生率最高。关于阴囊疝的遗传方式，一般认为是由两对隐性基因h_1、h_2引起，因为涉及两对隐性基因，单纯淘汰阴囊疝公猪几乎没有效果，比较好的方法还是要依靠选择，淘汰基因型为$H_1h_1H_2h_2$、$H_1h_1h_2h_2$、$h_1h_1H_2h_2$、$h_1h_1h_2h_2$的公猪，产生的后代就不会有阴囊疝。

6）小眼球和无眼球畸形。小眼球和无眼球畸形在猪中也有，主要表现为先天性瞎眼，可能原因是眼球发育不良。通常患猪幼年时死亡，如果护理得好可活到成年。

7）猪应激综合征。猪的应激综合征（porcine stress syndrome，PSS）是指猪受到刺激而出现的综合征。主要表现为：A.恶性高热综合征，患猪体温骤然升到42～45℃，呼吸急促，心跳加快，肌肉僵硬，后肢强直，机体内水分和电解质代谢紊乱，肌肉内乳酸累积引起代谢性酸中毒而导致死亡。B.PSE肉，表现为猪屠宰后肉色苍白、质地松软无弹性、肌肉切面有汁液渗出，宰后45分钟左右肌肉pH降至5.5以下。C.DFD（dark，firm and dry）肉，表现为猪屠宰后肉色暗红、质地坚硬、切面干燥。D.生理生化指标方面，患猪促肾上腺皮质激素含量增加，血液中肌酸激酶、磷酸肌酸激酶和醛缩酶等的含量增加。E.外形方面，患猪表现神经质，易兴奋，易惊恐，目光异常，后腿肌肉发达，在运动、斗殴或运输时，严重者骤然倒地，口吐白沫而死。应激敏感猪或阳性猪，给养猪业带来巨大的经济损失，因此在育种中一般都通过基因检测方式剔除氟烷基因。

（3）性连锁遗传

性连锁遗传病主要以隐性遗传病为多见。这类遗传病的致病基因主要在X染色体上，性状是隐性的，雌性大多是携带者，这类雌性携带者与正常雄性交配，后代中的雄性有1/2的概率患病，雌性不发病，但有1/2的概率是携带者。雄性患猪与正常雌性交配，子代中雄性正常，雌性都是携带者。因此X连锁隐性遗传在患病系中常表现为雌性携带，雄性患病。雄性的致病基因只能随着X染色体传给雌性后代，不能传给雄性后代，这种现象称为交叉遗传。这类常见的疾病有血友病、睾丸雌性化综合征、假肥大性肌营养不良症等。

1）血友病。血友病是一种先天性出血性疾病，它是由X染色体上的隐性致病基因导致血液中缺乏一种凝血因子——抗血友病球蛋白或血浆凝血质因子引起的。患猪常常自发性出血或某处破裂流血不止，尤以关节腔、肌肉、皮下黏膜及泌尿系统最易出血，患猪最后会因流血过多而死亡。因此，血友病是一种致死性的遗传病。

2）睾丸雌性化综合征。睾丸雌性化综合征是一种雄性假两性畸形。这种综合征已在人类、马、牛、绵羊、猪、大鼠和小鼠中发现，患有该综合征的动物具有正常的雌性外生殖器及雌性第二性征，也有未发育的睾丸，但其性染色体核型分析都是XY型。目前其遗传机制已比较清楚，属于X连锁隐性遗传，在X染色体的tf位点有一睾丸雌性化突变基因，此基因使机体不能合成雄激素受体蛋白，或者是合成量很少，从而影响胚胎的雄性化过程，而机体内存在的雌激素产生作用，使动物体具有雌性的外生殖器并逐步表现雌性的第二性征。

3）假肥大性肌营养不良症。假肥大性肌营养不良症是由X连锁隐性基因缺陷引起的，通常只有雄性患病，雌性为携带者。病猪表现出行动笨拙，出现站立和行走困难，比较容易摔倒。肌肉无力最先从一些大肌肉、腿部近端肌肉开始，四肢的肌肉（远端肌肉）和心肌也无力。假肥大性肌营养不良症是由编码肌肉细胞膜上的抗肌萎缩蛋白的基因异常引起的。由于患猪只有很少的抗肌萎缩蛋白或者类似于抗肌萎缩蛋白分子的存在，肌肉表面的质膜非常容易撕裂，这就导致损伤或肌纤维坏死；如果进一步恶化，所有肌肉的纤维都将坏死，最后致死。

X染色体连锁显性遗传病病种较少，如抗维生素D性佝偻病等。这类病雌性家畜发病率高，因为雌性有两条X染色体，获得这一显性致病基因的概率比雄性高，但病情较雄性轻。雄性患猪病情重，因为雄性X染色体将传给雌性后代，所以它的雌性后代全部都将患病。

Y染色体连锁遗传病的特点是雄性传递给雄性后代，雌性不发病。因Y染色体上主要有雄性决定因子方面的基因，其他基因很少，故Y染色体连锁遗传病极少见。到目前为止，猪中未见有这类疾病发生的报道。这类遗传病没有显性、隐性的区别，只要Y染色体上有致病基因就会发病。

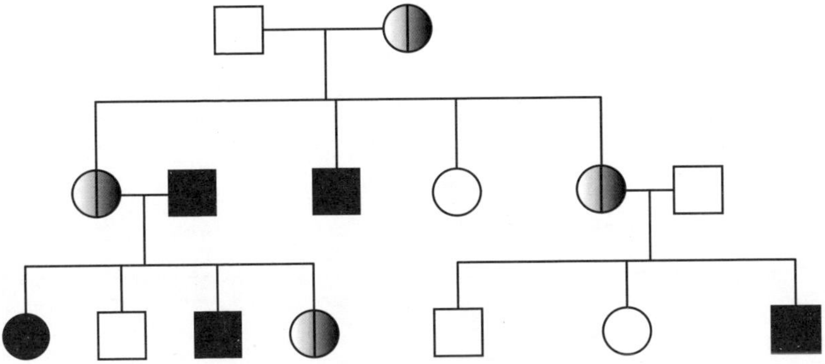

X染色体隐性遗传系谱示意

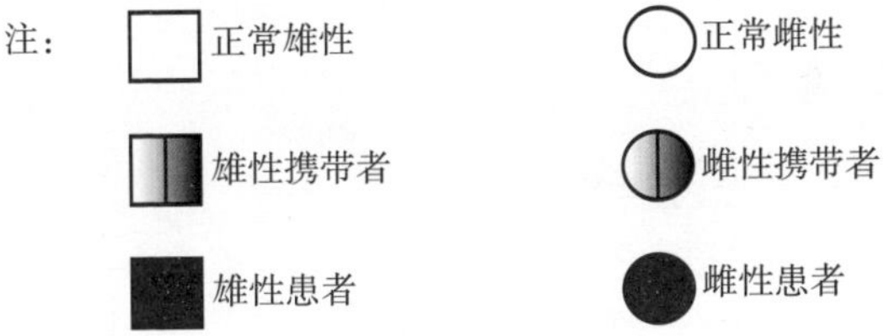

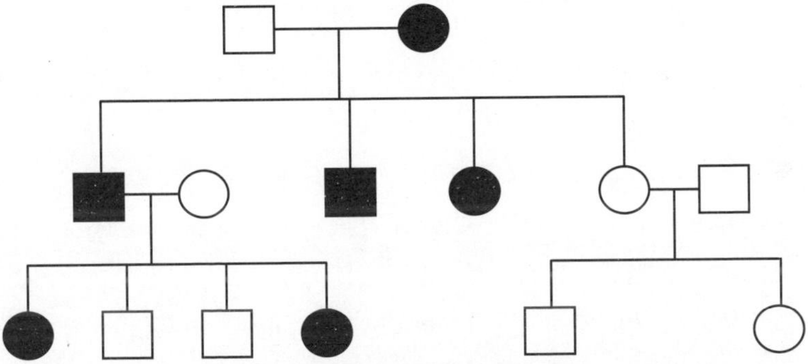

X染色体显性遗传系谱示意

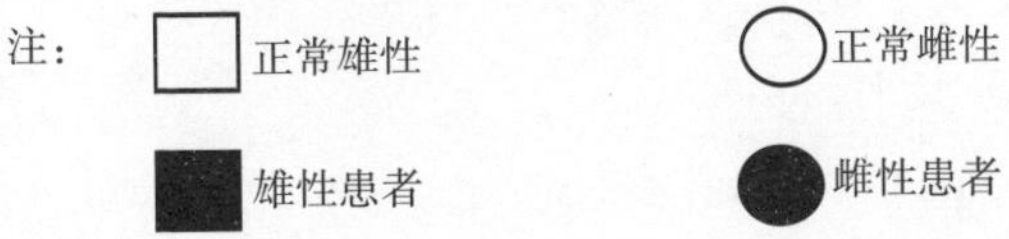

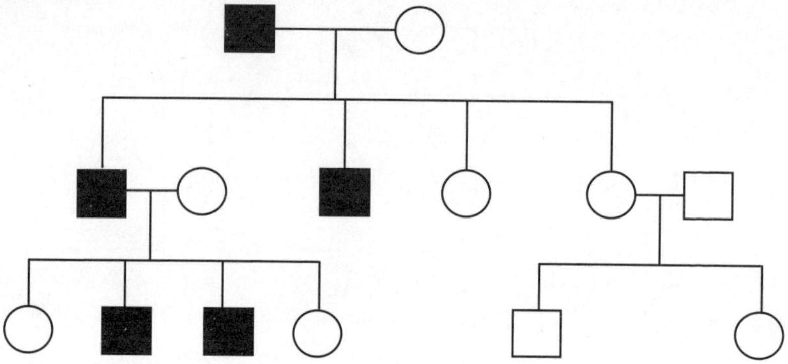

Y染色体连锁遗传系谱示意

注：□正常雄性　○正常雌性

■雄性患者

2. 多基因遗传缺陷病

多基因遗传缺陷病即控制疾病性状的基因有多个，个体发病与否是多个基因和环境因素相互作用的结果，因此其遗传方式比较复杂。而且与单基因病不同的是，这些基因没有显性和隐性的关系，每个基因都有微效累加的作用，因此同样的病，不同的动物个体由于可能涉及的致病基因数目上的不同，其病情严重程度、复发风险均可有明显的不同，如唇裂就有轻有重，有些个体同时还会伴有腭裂。值得注意的是，多基因病除与遗传有关外，环境因素对其影响也相当大，故又称多因子病。很多常见病如家畜的卵巢囊肿、妊娠期延长、肢蹄病、哮喘、唇裂等，均为多基因病。目前，这类疾病可通过研究患畜亲属中的发病情况及计算其遗传力得到确认。

（1）卵巢囊肿

卵巢囊肿属于多基因遗传病，受遗传因素和环境因素影响，分为卵泡囊肿和黄体囊肿，以卵泡囊肿为多见。卵巢囊肿由于卵泡异常肿大，直肠检查可触摸到卵巢肿块。此时动物体内雌激素分泌增多，导致性欲亢进，严重时出现慕雄狂（nymphomania）的明显症状。卵泡囊肿持续存在可影响排卵，常常导致卵子变性。过度生长的卵泡有时萎缩或黄体化，转变成黄体囊肿，或形成持久黄体。

（2）妊娠期延长

各种动物的妊娠期都有固定的范围，妊娠期延长多半是由某种遗传因素引起的，也可因所怀胎儿为遗传病患畜而延长，妊娠期延长由隐性基因决定。根据相关文献报道，妊娠期延长可能属于一种遗传性状，并且总与一些严重的胎儿缺陷相联系，如脑积水、无脑畸胎、无颌、腭裂、垂体发育不全或其他异常。

（3）肢蹄病

肢蹄病主要发生于经过高度培育的瘦肉型猪，是指以肢势、步态和站立不正常，支撑躯体困难为特征的一类非特异性疾病。广义的肢蹄病表示多种原因引起的肢蹄上的多种缺陷，包括肢蹄形态结构、肢势和肢蹄功能上的缺陷，如关节肿胀变形、肢势不正、蹄质疏松、蹄裂、蹄底增生、蹄壳过度生长、偏蹄、蹄冠脓肿等。引起肢蹄病的原因有很多，主要为遗传和环境共同作用的结果。所以，肢蹄病属于一种多基因遗传病。通常认为，肢蹄病是现代育种偏选的产物。人们在追求高生产力，如快速生长、高瘦肉率、高饲料报酬率等的同时，却忽视了动物的体质，造成肢蹄结实度下降。据报道，肢蹄性状的估计遗传力为低到中等，前肢结构的遗传力为0.53，显著高于前肢的活动性（0.31），这为肢蹄结构的选择提供了可能。肢蹄性状也与其他性状存在一定程度的遗传相关：肢蹄总评分与体长、体高存在负遗传相关（–0.38～–0.19），肢蹄病与背膘厚呈负遗传相关（–0.30）。当然，环境也有作用，如猪舍的状况、猪的营养状况及运动状况等，包括猪舍内的温度、湿度，地面状况，猪有无运动，饲料中的钙磷比例、微量元素及维生素D等营养成分的含量，猪受到外伤还有某些病原微生物感染等，都可引起肢蹄病。

3. 染色体遗传缺陷病

染色体遗传缺陷病指遗传物质的改变在染色体水平上可见，表现为染色体数目的异常或染色体结构上的改变。由于染色体病涉及的基因数目较多，因此症状通常很严重，且涉及多器官、多系统的畸变和功能改变。家畜中染色体病的发生率无系统的统计，但家畜中大多数动物染色体数目较多，因此家畜的染色体病发生率不会太低。

染色体的数目异常可表现为非整倍体，即其数目并非单倍体的整倍数，在数目上出现多或少于整倍体，还可表现为多倍体，即染色体数目整倍多于单倍体，如三倍体、四倍体。常见的非整倍体患畜是某对染色体不是2条而出现3条，称为三体综合征。如果某对染色体缺少1条，则称为单体综合征。

结构性染色体畸变是在细胞分裂过程中曾有染色体断裂所致。常见的结构异常有缺失、环状染色体、易位、重复、倒位和等臂染色体。染色体易位（chromosomal translocation）是指两条非同源染色体同时发生断裂，形成的断裂片段移至另一条染色体断端，并连接形成新染色体。染色体间的易位可分为转位（transposition）和相互易位（reciprocal translocation，RTs）。前者指一条染色体的某一片段转移到了另一条染色体上，即单向易位；而后者则指两条染色体间相互交换了片段，RTs发生在猪身上较为常见。研究表明，发生RTs的种公猪由于染色体重排导致精子细胞在遗传上发育不平衡，生产遗传上不平衡发育的精子，导致出现更多的早期死亡胚胎，死胎比例增高，窝产仔数下降50%；生产的后代中有一半的活仔将携带RTs，促使其在群体中扩散。在西欧养猪发达国家的大型公猪站，会在公猪入站前检测是否发生RTs，以防止繁殖力的降低和RTs扩散面积扩大。

两性畸形在猪中也常见，也称为阴阳猪，指一个个体同时具备雌雄性全部或部分生殖器官的现象，又称半雌雄体或间性。两性畸形可分为真两性畸形与假两性畸形，前者指同时具备雌雄性腺的个体；后者指个体只具有一个性别的性腺，而生殖道又具有另一性别的特征。如果性腺性别及遗传特征分别为雄性，即有睾丸，性染色体为XY，但具有雌性生殖道，称为雄性假两性畸形；反之，称为雌性假两性畸形。凡是遗传上雄性动物出现雌性改变，或遗传上雌性动物出现雄性改变，称为性转变。性转变可以自然发生，也可用实验方法诱发。真两性畸形在猪中较多，患病动物通常有睾丸位于腹腔或腹股沟区，有时位于腹股沟皮下，真两性畸形猪的外生殖器官呈明显的雌性类型，阴蒂往往非常发达，以致突出于阴户，排尿时尿液上喷，雄性特征一般在初情期才出现，以后，这种表型雌性的猪常有爬跨其他猪的动作，使猪群无法休息，因此宜在早期将其淘汰。真两性畸形猪的核型往往是38，XX，表明其遗传性别为雌性，有时还具有妊娠需要的内部繁殖器官，因而能产下正常仔猪，但罕见。

此外，还有一些常见的遗传病，由于其遗传方式暂不明确，如肛门闭锁，又称直肠闭锁，简称锁肛。锁肛在猪中的发生率较高，且不同性别间表现不同，对公猪通常是致死的。母仔猪患病表现为，直肠盲端与表皮相连或直肠开口于阴道，形成泄殖腔，粪便经泄殖腔从阴道排出；公仔猪患病时，如果不进行外科手术使其排粪，是致死的。肛门闭锁也是一种遗传缺陷，对于其遗传方式还没有明确，早期的一些报道认为是常染色体隐性遗传，也有人认为是两对隐性基因重叠遗传的结果。锁肛还常与两性畸形或赫尔尼亚并发，近交可使其发生率上升。

在猪的育种中，一些猪群由于致死、半致死和畸形的基因频率升高而导致育种工作的失败，所以需要对育种群的这些基因进行判定，降低或消除这些有害基因的影响。

（四）主要性状的测定

1. 母猪繁殖性状性能测定

母猪的繁殖力直接决定着养猪业的经济效益。猪属多胎动物，繁殖潜力较大，母猪的繁殖性能在3～6胎最好。母猪繁殖性状主要包括总产仔数、窝产活仔数、21日龄断奶仔猪数、仔猪断奶前成活率、仔猪初生重、21日龄重、21日龄断奶窝重、初产日龄及产仔间隔。母猪繁殖性状属于低遗传力性状（表4），受外部环境和母猪子宫环境影响大，因此加强环境控制是保证母猪繁殖性能正常发挥的重要前提。

表4　繁殖性状的遗传力估计值

性状	遗传力
总产仔数	0.10
窝产活仔数	0.10
21日龄断奶仔猪数	0.08
仔猪断奶前成活率	0.05
仔猪初生重	0.15
21日龄重	0.13
21日龄断奶窝重	0.14
初产日龄	0.15
产仔间隔	0.11

（1）窝产仔数

窝产仔数有两个指标，即总产仔数和窝产活仔数。

总产仔数是指包括健仔、弱仔、死胎、木乃伊胎和畸形仔在内的出生时的总仔数。窝产活仔数是指出生时存活的仔猪头数，包括健仔、弱仔及畸形仔在内。总产仔数是一个复合性状，主要受母猪品种、胎次、排卵数、胎儿成活率及配种管理等因素的影响。

（2）仔猪初生重

仔猪初生重是指仔猪出生12小时以内存活仔猪个体体重，初生窝重是表示仔猪出生12小时以内全窝活仔的总重量。仔猪初生重与断奶成活率、断奶体重、出栏重呈较强的正相关，所以对仔猪初生重的选择也是非常必要的。影响初生重的因素较多，主要与母猪的品种、个体差异、初配年龄、母猪饲养管理、妊娠期母猪的饲养管理、母猪胎次、窝产仔数、饲养环境等因素有关。窝产仔数与仔猪初生重呈负的遗传相关，所以母猪窝产仔数多，仔猪初生重就相对低。

（3）21日龄断奶仔猪数

21日龄断奶仔猪数是指断奶时的仔猪数，与仔猪断奶前死亡率有较大的关系，仔猪断奶前死亡主要发生在产后7天内，前3天主要是母猪压死、踩死仔猪，其他如饿死、弱仔死亡、病死、冻死等主要发生在产后2～7天。要增加断奶仔猪数，在总产仔数增加的情况下，必须尽可能降低断奶前仔猪的死亡率。

（4）21日龄断奶窝重

21日龄断奶窝重是指断奶时整窝仔猪的总重量，包括寄养进来的仔猪，但除开寄养出去的仔猪。现在规模化猪场多数采用21日龄断奶，在21日龄时全窝仔猪（包括寄养进来的）应在清晨补料前称重。由于产后20天内仔猪的营养来源主要是母乳，约占全部营养需求的97%，所以21日龄断奶窝重这一指标能反映不同品种母猪的泌乳能力的高低，通常把21日龄断奶窝重作为母猪的泌乳力指标。

2．母猪其他性能测定

（1）母猪非生产天数

母猪非生产天数是指母猪断奶到下一次配种受孕之间的天数。非生产天数的长短决定母猪年产胎次的高低，而母猪年产胎次是判断母猪生产力高低的一个重要指标。母猪年产胎次的计算公式为：

$$\text{母猪年产胎次} = \frac{365}{\text{妊娠期} + \text{哺乳期} + \text{空怀期}}$$

，所以母猪的年产胎次主要由其妊娠期、哺乳期和空怀期的长短决定。由于母猪的妊娠期和哺乳期都相对固定，所以空怀期的长短决定年产胎次。减少空怀期的天数需要断奶母猪适时发情、适时配种、配种受孕率高，需要采取的措施是加强母猪的饲养管理、保持母猪的合理膘厚、适时配种、减少返情和流产母猪数，从而减少母猪非生产天数。

（2）初配日龄

初配日龄是指后备母猪初次配种时的日龄。后备母猪适时配种非常重要，配种过早，其生殖系统发育尚不完善，内分泌系统尚未达到平衡，会导致后备母猪排卵数少、产仔数少。母猪自身的生长发育也会受到较大影响，如以后的成年体重小、仔猪初生重轻、泌乳力差、仔猪生长速度慢，使该母猪的利用年限缩短，猪群的年淘汰率也将相应地上升。后备母猪太迟开配，会导致母猪一生的总胎次和总产仔数降低，使用寿命缩短，降低母猪整体生产水平；另外，超过3个情期不配种也容易导致以后发情不正常或者不发情。一般瘦肉型猪的初配时间为8～8.5月龄（不超过9月龄），体重130千克左右时，为第二或第三个情期。

（3）母猪利用年限

母猪利用年限与母猪一生的产仔数密切相关。关于母猪利用年限的定义，研究的角度不同，定义内容也不同。从经济学角度来讲，关注的是母猪一生的繁殖力；从遗传、营养等方面，关注的是母猪寿命的长短、群体寿命、繁殖寿命、移除时的胎次（parity removed）等。用来估计母猪利用年限的方法有多种，主要有移除率（removal rate，指由于各种原因从繁殖群体中移除的母猪比例）、淘汰率（culling rate，指因性能较差而从繁殖群中剔除的母猪比例）、更新率（replacement rate）、繁殖群中新母猪的百分比、存栏母猪的平均胎次，以及移除时的平均胎次。一般根据淘汰率和更新率来评判猪场母猪保留率的标准，而胎龄结构和淘汰率也是反映母猪利用年限的指标。终生生产值也是和母猪利用年限相关的一个性状，终生生产值高的母猪比低的母猪的仔猪的繁殖成本低，这对一个猪场的经济效益是有利的。一般的商品场，母猪利用到8～9胎是最经济的，但最高胎次从1胎增加到5胎时的收益高于5胎到10胎的收益。淘汰率或更新率中往往包括一定的母猪死亡率，一般正常水平在3%～5%。

从相关研究发现，母猪淘汰的原因主要有繁殖障碍、体况不佳、年龄过大、奶水不足、管理因素、性能低下及其他因素，其中繁殖障碍是淘汰母猪的主要原因（表5），占49.1%，包括流产、不孕、难产、不发情等原因。而且研究也表明，年轻母猪（3胎和3胎以内）被淘汰的原因主要是有繁殖障碍和肢蹄病，而成年母猪（3胎以上）被淘汰的原因主要是繁殖性能较差、有疾病、年龄过大或死亡等。

表5　母猪淘汰原因及其占比

淘汰原因	比例/%
繁殖障碍（流产、不孕、难产、不发情等）	49.1
体况不佳（乳房不佳、瘦弱、怪癖、跛残）	14.3
年龄过大	8.6
奶水不足	6.2
管理因素	3.4
性能低下	1.7
其他因素	16.7
总和	100

影响母猪利用年限的因素主要有以下几种。

1）遗传因素。不同品种的母猪利用年限不一样，一般情况下纯种母猪的利用年限低于杂交母猪，纯种母猪由于繁殖障碍和肢蹄原因，淘汰比例高于杂交母猪，而杂交猪的血缘来源不同，母猪的平均淘汰胎次不同，含梅山猪血缘的母猪的平均淘汰胎次都高于其他杂交母猪。

2）饲喂方案。一般情况下，后备母猪阶段的营养水平对母猪的利用年限既会产生正面影响，也会产生负面影响。育成期采食高能量日粮会使后备母猪体重增加过度，从而增加这些后备母猪因腿脚问题或运动障碍而被淘汰的概率，也会抑制后备母猪的乳腺生长，影响后备母猪的初情期。

3）母猪背膘厚。要使母猪一生得到最多的产活仔数，后备母猪必须具有一定的最低限度背膘厚水平。有研究发现，平均体重为150千克时，背膘厚18～22毫米的母猪1～5胎的产仔数比背膘厚14～16毫米的母猪1～5胎的产仔数平均多7.2头。体重为100千克时，校正背膘厚高的母猪的第二胎产活仔数多于背膘厚低的母猪，而且终测时母猪的背膘厚达不到最低值，其死亡率会上升。

4）母猪泌乳期。在集约化养猪场中，为了充分利用猪场设施和断奶健康仔猪，仔猪断奶日龄越来越早，但母猪泌乳期过短，断奶后配种妊娠率会降低。一般在21日龄以后断奶，对母猪再次发情和配种几乎无影响。

5）季节。在许多猪场中，母猪群的繁殖性能都会发生季节性的变化，可能导致利用年限缩短或者一年中某段时间内淘汰率上升。高温环境及由此导致的采食量降低会促使黄体生成素水平和血液皮质醇水平降低，从而导致母猪发情延迟。季节性不孕的典型表现主要有：初情期延迟、断奶到发情时间间隔延长、分娩率降低、流产增加等。

6）管理、人员等情况。饲养管理水平和人员会影响后备母猪的发育及背膘、体重等体况，从而影响母猪的利用年限。

母猪利用年限的遗传力相对较低，为0.1～0.2，难以度量且持续时间长，一般遗传改进是通过对肢蹄结构的间接选择而开展的。

我国猪育种实践生产中很少将此指标纳入选育方案中，而且由于影响该指标的因素很多，所以很难准确估计其育种值。未来，对其分子标记的开发是利用该指标的有力手段之一。

3. 猪生产性能测定

猪生产性能测定主要是对种猪生长肥育性能进行测定，即按照全国种猪性能测定规程进行种猪性能测定，把经初选和审定的种猪放入测定站，进行2～6月龄的生长肥育性能测定，在2月龄后（30±3千克）开测，至6月龄（85～105千克）终测，记录开测体重、测定期耗料和健康状况、终测体重、二点（胸腰接合处与腰荐接合处）膘厚、倒数第3～4肋间眼肌厚度与面积、体长、体高、胸围、背宽、腿臀围、管围等数据，评定品种特征、肢蹄结实度、奶头状况、生殖器发育状况。与猪的生长发育相关的性状主要包括：生长速度（平均日增重、30～100千克的日增重）或达100千克体重日龄、达100千克体重背膘厚、饲料转化率、日采食量。多数研究结果表明，与猪生长发育相关的性状属中等以上遗传力性状（表6），所以在育种中选择的效果明显。

表6　猪生长性状的遗传力估计值

性状	遗传力均值
日增重	0.34
达100千克体重日龄	0.30
日采食量	0.38
饲料转化率	0.32
达100千克体重背膘厚	0.52

（1）生长速度

平均日增重（average daily gain，ADG），一般指仔猪断奶至上市期间的平均日增重，计算公式为：$日增重=\frac{结束重-初始重}{育肥天数}$。

在育种上一般将30～100千克的日增重或达100千克体重日龄作为选育指标。

（2）达100千克体重日龄

该指标是由实际体重和日龄进行校正计算所得，校正公式（加拿大）为：校正日龄＝测定日龄$-\frac{实测体重-100}{CF}$。式中：

CF为校正因子；

CF＝（实测体重/测定日龄）×1.826040（公猪）；

CF＝（实测体重/测定日龄）×1.714615（母猪）。

（3）达100千克体重背膘厚

在猪育种中，一般以达100千克体重时背膘厚作为选育指标。测量是在称重的同时，用B超测定倒数第3～4肋间处的背膘厚，以毫米为单位。采用A超测定时，测定胸腰接合部和腰荐接合部沿背中线左侧5厘米处的二点膘厚平均值。转换成100千克体重背膘厚公式为：

$$校正背膘厚＝实测背膘厚 \times CF。$$

式中：

$CF=A\div\{A+[B\times(实测体重-100)]\}$。

不同品种A、B值的取值见表7。

表7　达100千克背膘厚校正公式中的A、B值

品种	性别			
	公猪		母猪	
	A	B	A	B
大白猪/皮特兰猪	12.402	0.106 53	13.706	0.119 624
长白猪	12.826	0.114 379	13.983	0.126 014
汉普夏猪	13.113	0.117 62	14.288	0.124 425
杜洛克猪	13.468	0.111 528	15.654	0.156 646

（4）饲料转化率

饲料转化率也叫料肉比，一般是指30～100千克时，每单位增重所消耗的饲料量。计算公式为：

$$饲料转化率=\frac{饲料总消耗量}{总增重}$$

（5）日采食量

日采食量用平均日采食量来表示，该指标可反映猪的食欲的好坏。计算公式为：

$$日采食量=\frac{肥育期饲料消耗量}{肥育天数}$$

4. 体尺测定

（1）体高

体高为自鬐甲至地面的垂直距离，用体高尺或硬尺测量。

（2）体长

体长为从枕骨至尾根的距离，用软尺沿背中线紧贴体表进行测量。

（3）胸围

胸围为肩胛后角的胸部垂直周径，用软尺紧贴体表测量。

（4）腿臀围

腿臀围为自左膝关节前缘经肛门至右侧膝关节前缘的距离，用软尺紧贴体表量取。

（5）管围

管围为猪左前肢管部上1/3最细处用软尺量取的水平周径，一般用厘米表示。

5. 猪胴体性状测定

一般是被测猪达到100千克体重后，停食24小时，其间提供自由饮水，再进行屠宰。停食24小时后的空腹体重称为宰前重。胴体是

指猪屠宰后按规定方法去掉头、蹄、尾和内脏（除板油、肾脏）后的屠体部分。去头、蹄、尾的方法是：从耳根后枕寰关节及下颌上的自然皱褶切下头，从腕关节处切下前蹄，从紧贴肛门处切下尾。

胴体性状测定是根据屠宰后胴体性状，对其质量进行客观和科学的评价，是种猪测定工作的一个重要环节，也是反映猪产肉性能的一类重要经济指标。主要测定的性状有：胴体重，胴体长，屠宰率，背膘厚，皮厚，眼肌面积，胴体瘦肉率，腿臀比例，板油重和板油比例，胃重，胴体分割后的皮、骨、肉、脂的重量及其占胴体重量的比例等性状（表8）。

表8　猪胴体性状的遗传力估计值

性状	遗传力均值
屠宰率	0.31
平均背膘厚	0.50
眼肌面积	0.48
胴体瘦肉率	0.46

（1）胴体重

胴体重是屠宰后去掉头、蹄、尾和内脏（除板油、肾脏）后的两片肉的合重。可分为热胴体重和冷胴体重，前者是指屠宰后45分钟时的胴体重，后者是指屠宰后24小时的胴体重。

（2）胴体长

胴体长一般有两种测量方法：①从枕寰关节底部前缘（第一颈椎凹陷处）至耻骨联合前缘中线的距离，也叫胴体直长。②从第一肋骨与胸骨接合处至耻骨联合前缘中线的距离，也叫胴体斜长。胴体长是高遗传力性状，遗传力均值为0.55～0.6。胴体长与猪的肋骨数呈较强的正相关。在活猪销售定价时往往重视体长，但实际的遗传相关计算中，体长或胴体长与产肉性能的相关度并不高，为

15%～18%。

（3）屠宰率

屠宰率是胴体重占宰前重的比例。屠宰率的高低说明猪的产肉性能的高低，一般屠宰率为70%～80%。其计算公式为：

$$屠宰率=\frac{胴体重}{宰前重}\times 100\%$$

（4）背膘厚

背膘厚指皮下脂肪的厚度（一般包括皮厚，有时不含皮厚）。一般测量第6和第7肋骨接合处的背部皮下脂肪的厚度。平均背膘厚是测定三点膘厚的平均值，即肩部最厚处、胸腰椎接合处和腰荐接合处三点背膘的平均厚度。国外测定背膘厚把皮厚也包括在内；但我国在品种鉴定和精细对比时，采用不含皮厚的背膘厚测定法。

（5）皮厚

皮厚指第6到第7肋骨处的皮厚度。一般用游标卡尺测量。

（6）眼肌面积

猪的背最长肌的横断面积形似眼睛，所以称之为眼肌。活体测定眼肌面积，一般是用B超测定背膘厚的同时，用B超扫描测定同一部位的眼肌面积，用平方厘米表示。在屠宰后，一般是在左胴体的最后肋骨处测量。测量方法：可以用硫酸纸贴在眼肌上面描绘其轮廓后用求积仪测定，或按眼肌宽度×高度×0.7来估算面积，后者通常准确度不够，估算面积中的宽度和高度分别是用游标卡尺度量的背最长肌横断面积的最宽及最高部位的长度。

（7）胴体瘦肉率

左侧胴体称重后，去掉板油和肾脏，对其肌肉、脂肪、皮和骨进行剥离，剥离时，肌间脂肪不剔除，算作肌肉，皮肌（包括腹部和大腿部皮肌）不另剔除，算作脂肪。瘦肉重占剥离后的瘦肉、脂肪、皮和骨的总重的比例为胴体瘦肉率。脂肪率即为脂肪重占总重的比例。还有骨率和皮率，就是相应组织的重量占4种剥离组织的总重的比例。另一种方法是，不剥离4种组织，只分出其瘦肉，用瘦肉重量占胴体重的比例表示胴体瘦肉率。

大多数欧洲国家计算瘦肉率是按胴体完全剥离获得的瘦肉重（不包括头部瘦肉）占整个胴体重的比例。由于我国胴体重计算方法与国外的不同，所以，胴体瘦肉率的数值往往比别的国家要高（5%～7%）。因此，在比较各国猪胴体瘦肉率时应当予以注意。

（8）腿臀比例

腿臀比例也叫后腿比例，是指腿臀部重量占胴体重量的比例。腿和臀是胴体中产瘦肉最多的部位。因此，腿臀比例在评定胴体质量时非常重要。腿臀重是指沿第1、第2腰椎间垂直切下的后腿重量。其公式为：

$$\text{腿臀比例}=\frac{\text{腿臀重}}{\text{胴体重}}\times 100\%$$

（9）板油重和板油比例

板油是指猪肉里面、内脏外面成片成块的油脂。板油重是指两块板油的重量之和。板油比例，即板油重占胴体重的比例。

（10）胃重

胃重指将胃内容物清洗干净后胃的重量。用电子天平称重。

6. 猪肉质性状测定

肉质的定义：广义上是指肉的感官品质、深加工品质、营养价值和卫生安全质量；狭义上是指肉的感官品质，主要包括肉质的表观、质地、风味等，是肉对人的视觉、味觉、嗅觉、触觉等感官器官的刺激，使人产生的综合感受。这里主要讲狭义的肉质，肉质性状的评定就是通过肌肉肉色、肌肉pH、系水力、大理石纹、肌内脂肪含量、嫩度、肌纤维直径、熟肉率、贮存损失及风味等指标的客观值来评定肉质特性，这些指标也是肉质测定的主要性状。

尽管不同的研究者报道的肉质性状遗传力的差异很大，但都一致认为多数肉质性状的遗传力估值中等偏高（表9），其中肌肉pH、肌肉肉色、滴水损失和系水力的遗传力中等，嫩度和多汁性等性状的遗传力中等偏低，肌内脂肪含量的遗传力属于高遗传力。由于肉质与瘦肉率之间存在遗传负相关，对瘦肉率的选择强度增强时，猪肉质会下降。现在发达养猪国家已经开始重视肉质性状的改良，并将肉质性状选择纳入育种目标中。

表9　猪肉质性状的遗传力估计值

性状	遗传力均值	猪群
pH_1	0.27	LD
	0.25	LD
	0.29	LW
pH_{24}	0.2	LW，DD
肌肉肉色	0.29	LW，DD
滴水损失	0.3	LW，DD
系水力	0.16	LD
	0.43	LW
嫩度	0.23	LW，DD
多汁性	0.18	LW，DD
大理石纹	0.14～0.31	PW
肌内脂肪含量	0.53	LW，DD

（1）肌肉肉色

肌肉肉色是肉质的重要性状之一，它是肌肉的生理学、生物化学和微生物学变化的外部表现。肌肉肉色对消费者购买欲有很大影响。肌肉一般由红肌和白肌组成，红肌中的A值（红值）表示肌肉的红度，是一个非常重要的指标；而白肌中的L值（亮度值）也很重要，它与滴水损失、肌肉pH有相关关系。影响肉色的因素主要是肌红蛋白和血红蛋白，二者含量越高，肉色越深。

肉色测定时间有宰后1小时（或45分钟）和24小时两种，所取

部位是胸腰接合处背最长肌中间的横截面。一般在室内进行，要求白天正常光度，不能有阳光照射肉样表面，也不能在室内阴暗处进行。评定标准按5分制评分：1分，为灰白肉色（异常肉色）；2分，为轻度灰白肉色（倾向异常肉色）；3分，为正常鲜红肉色；4分，为正常深红肉色；5分，为暗黑色（异常肉色），其中3分和4分是正常肉色。在肉色处于两级标准之间时，可在两级之间增加0.5分的级别。

（2）肌肉pH

肌肉pH是肉品质测定的重要指标之一，它反映了肌肉酸度，对肌肉的品质有重要影响。畜禽屠宰后，肌肉失去运动机能，处于缺氧状态，但仍然消耗ATP（三磷酸腺苷）。短时间内除磷酸肌酸会由肌酸激酶分解使ADP（二磷酸腺苷）变成ATP外，不会再生成ATP，这时糖原酵解产生乳酸使肌肉的pH降低。但随着ATP分解和低pH使糖酵解的酶活性减弱或失活，导致糖原分解停止，肌肉的pH达到稳定状态，这时的pH称为最终pH。因此，测定肌肉pH，有两个时间点：①宰后45分钟测定的pH，记为pH_1。②宰后将胴体放在0～4℃温度中24小时后测定的pH，记为pH_{24}或pHu，即最终pH，它适用于DFD肉的测定，一般测定的是头半棘肌。

一般用于测定pH的仪器是普通或数字显示pH计或适用于胴体直接测定的专用pH计。测定的部位直接在胴体倒数第3和倒数第4胸椎处背最长肌上刺孔，按照pH计的使用说明操作，把电极插入胴体测定部位测定；或采集指定部位的肉样，将pH计插入肉样至少1厘米深度，将电极头部完全没入肉样中进行测定。测定pH一定要注意温度校正或温度补偿。

猪肉的正常pH_1范围为5.9～6.6，若$pH_1<5.9$，则是酸肉，若猪肉是灰白色，且有大量渗出液体，即PSE肉。正常pH_{24}为5.3～5.7；若猪肉$pH_{24}>6$，肉色暗黑，且肌肉表面干燥时，可判定是DFD肉。

猪肉或胴体的pH，在宰后早期即45分钟至1小时，可以大致区分肉质的类型，即正常或异常（PSE肉、DFD肉），在宰后冷却排酸后的24小时测定，是为了更加精细地衡量肉质的排序，与食用品质和加工品质相关联。要进行育种选育，一般采用pH_{24}。

（3）系水力

系水力是描述肌肉或肉品在特定条件下的保水能力，此概念主要包含三方面的内容：①系水能力（water holding capacity）表示肌肉携带水分的最大容量。②可榨出水（expressible moisture）表示外力条件下肌肉液体的流失量。③滴水损失（drip loss）表示无外力条件下肌肉液体的流失量。猪肉系水力是鉴定猪肉品质的重要参数之一。依据猪的品种、年龄的不同，肌肉中含水量为70%～75%，它直接影响猪肉的风味、多汁性、嫩度、色泽、营养成分及香气等食用品质，同时对加工肉的产量、结构、肉色等有较大的影响。有学者认为，肌肉中的水分可分为三部分：一是与蛋白质结合形成稳定的结合水（bound water），结合水是构成非水物质组成的那部分水，不易受到环境影响，约占肌肉总水分的5%；二是不活动的自由水，占总水分的85%，这部分水是高度有序排列的，存在于纤丝、肌原纤维和细胞膜之间，它能溶解盐类及其他物质，而这部分水的可保持性主要取决于肌原纤维蛋白质的网状结构及蛋白质所带静电荷的多少；三是自由水，存在于细胞间隙与组织间隙，占总水分的10%。肌肉系水力的变化主要是指除结合水外的其他两种水分的变化。

肌肉系水力测定方法有很多，按照对样本的处理手段可分为三类：第一类，利用外力改变猪肉的保水结构，然后对改变的结构和水分的得失进行度量，如压力称重法、压力滤纸面积法、离心法、NMR法（核磁共振法）、膨胀法、毛细管法等；第二类，不加任何外力度量猪肉的液体损失，如滴水损失法、滤纸法等；第三类，通过腌制或加温来度量猪肉的失水程度，如水浴法、拿破率法、熟肉率法等，其中由毛细管法原理发展的Kauffman快速滤纸法和滴水损失法中的Honikel滴水损失法、烹饪损失法、拿破率法和压力法是当前使用较多的方法。

系水力的测定时间一般是屠宰后24小时（0～4℃环境下熟化），剔除肌外膜置于0℃下2小时进行温度标准化，然后将肉切成8片称重待测（精确到0.1克）。

1）快速滤纸法。快速滤纸法是用定量滤纸测定，定量滤纸在使用前放在102℃烘箱中烘至恒重并记录其重量（精确到0.001克）。肌肉切成8片，10～15分钟后，将滤纸紧贴肉片表面，2秒后拿下滤纸立即称重，用滤纸增重法表示系水力即为滤纸两次重量之差（以毫克为单位）。另外还可以根据滤纸浸湿的程度来划分，0分为滤纸全干，1分为滤纸有20%面积被浸透，2分、3分、4分、5分的滤纸浸透面积分别为40%、60%、80%和100%。这种评分法也可以精确到小数点后1位。我国地方猪种的这两个参数都很小，接近零，而西方瘦肉型猪种这两个参数的变化范围很大（系水力评分0～4.5；滤纸增重0～130毫克）。

2）滴水损失法。滴水损失法也叫贮存损失法，是由传统的无压力度量法演化而来，在Honikel规范后成为国际通用的系水力参数。于屠宰后2小时或24小时（0～4℃熟化）切取厚2.5厘米的（国外引进猪品种）胸段眼肌样本，去除肌外膜，称重（约90克）。将肉样用丝线或金属钩吊起，外罩一个塑料袋，系紧袋口将肉样封在袋内，里面留有足够空间接纳肉样渗出的水滴。将塑料袋悬挂于0～4℃冰箱中，24小时、48小时、72小时等设定的时间后去掉塑料袋，用滤纸吸去肉样表面水分再称重。滴水损失有两种表示方法：

一是肉样滴水损失 $= \dfrac{\text{肉样挂前重} - \text{肉样挂后重}}{\text{肉样挂前重}} \times 100\%$；二是每克肉

样失水的毫克数（毫克/克）。我国地方品种猪相对体重轻，眼肌面积小，针对这种情况，有学者归纳的用2厘米×3厘米×5厘米腰段眼肌样本吊挂24小时的处理方法和Honikel法一致。因此在表达滴水损失时必须注明测试样本的吊挂时间和尺码，以便进行不同研究结果的比较。一般通用的是宰后24小时，2.5厘米厚肉样悬挂48小时的测定值。

3）烹饪损失法（cooking loss）。烹饪损失法也叫水浴损失法，该方法是在高温条件下测定肉样的系水力。一般于宰后2小时或24小时在眼肌胸椎段取2.5厘米厚肉样，去掉肌外膜，称重。将肉样置于聚乙烯塑料袋内并封口，抽真空，使肉样表面与塑料袋紧贴（无气泡）。将封口的肉样完全放入75℃的水浴锅中保持30分钟。水浴后的肉样袋拿起后放入15℃流水中冷却40分钟，然后打开塑料袋用滤纸擦去肉样表面水分后称重。通常烹饪损失可表示为：$\frac{\text{水浴前重}-\text{水浴后重}}{\text{水浴前重}}\times100\%$。如果猪肉来源不清，另取一片同源肉样，从中取匀浆样本5～10克，放入105℃恒温烘箱中烘至恒重或用低温真空排湿处理至恒重后测肉样含水量。

4）熟肉率法。熟肉率，即取宰后2小时内的腰大肌中段约100克肉样，称蒸前重，然后置于铝锅蒸屉上用沸水蒸30分钟。蒸后取出吊挂于室内阴凉处冷却15～20分钟后称蒸后重。$\text{熟肉率}=\frac{\text{蒸后重}}{\text{蒸前重}}\times100\%$。

5）拿破率法。拿破率，是度量猪肉在腌制和高温条件下系水力的参数。随着肉品走向超市化和半成品小包装化，拿破率成为一项重要的肉质参数。一般是在屠宰后30分钟，割取新鲜半膜肌150克置于4℃冰箱中冷藏24小时或根据产品需要设定前处理时间，再将经过前处理的半膜肌切取100克并切成大小为1厘米^{3}的肉丁。将肉丁与20克腌制液在容器中混合，在4℃条件下腌制24小时，然后

进行10分钟沸水浴。水浴后的样本静置2.5小时待渗出液排出后再称重。腌制液含12%食盐（NaCl）和0.07%$NaNO_2$。拿破率计算公式：$\frac{\text{处理后重量}}{\text{处理前重量}}\times 100\%$。

6）压力法。我国研究肉质时间相对较晚，一般用压力法来测定肌肉失水率，即失水率越高，系水力越低。测定时取宰后2小时以内的第2～3腰椎处的背最长肌，切取厚度为1厘米的薄片，再用直径为2.523厘米的圆形取样器取样，用精确刻度为0.01千克的天平称压前肉样重，然后将肉样置于两层医用纱布之间，上下各垫18层滤纸。滤纸外层各放一块硬质塑料板，然后放置于钢环允许膨胀压缩仪平台上，用匀速摇把加压至35千克，并保持5分钟后立即称压后样重。$\text{失水率}=\frac{\text{压前肉样重}-\text{压后肉样重}}{\text{压前肉样重}}\times 100\%$。

国外测系水力用得较多的是吊袋法、丹麦滴水管法和新开发的货盘陈列法。

（4）大理石纹

大理石纹是肉用骨骼肌发育到一定的生理成熟阶段，在小肌束之间形成的脂肪沉积，这种沉积小肌束走向分布呈树枝分叉状，酷似大理石的图案条纹，所以称其为大理石纹。由于肌束间脂肪随肌纤维纵轴方向延伸，因此大理石纹在与肌纤维走向呈90°垂直切面时，看得最为清晰。大理石纹分布情况与肌内脂肪含量多少相关。

大理石纹的测定一般取胸段最后肋眼肌，从热胴体剥离后置于0～4℃的冰箱中保存24小时后取出，切出新鲜肉样切面（肉样厚度不得少于1.5厘米），在切面上覆盖透氧薄膜静置2小时，然后将肉样置于室内漫射光下，光照强度750勒克斯以上。根据全国1987年第二次修订的《猪肉质评定方法》进行评分，评分标准分为5个等级（美国标准分为10个等级）：1分为脂肪呈很少量的痕迹分布；2

分为脂肪呈微量分布；3分为脂肪呈少量分布，此时大理石纹分布比较理想；4分为脂肪呈适量分布，也是较为理想分布；5分为脂肪呈过量分布。如脂肪分布情况介于两个等级之间，可在两级之间增设0.5分级别。美国比色板采用的是10分制大理石纹。

（5）肌内脂肪含量

肌内脂肪（intramuscular fat，IMF），是指肌肉结缔组织膜内瘦肉中所含的脂肪，是重要的肉质性状之一。它是肌肉多汁性的物理因子，也是产生风味化合物的前体物质，对肌肉的口感、多汁性、风味、系水力、嫩度都有一定的影响。

肌内脂肪含量与猪的品种、性别、年龄和肥育方式有关。我国的地方猪种一般肌内脂肪含量高，都在8%左右，莱芜猪甚至可达10%；而国外猪种一般肌内脂肪含量较低，如长白猪、皮特兰猪、汉普夏猪等的IMF含量低于2%，个别品种相对较高，如杜洛克猪IMF含量可达6%，大白猪IMF含量为5%左右。

测定IMF含量的最经典的方法是索氏抽提法，该方法稳定可靠，但较费时费力，还需要防火通风设备。测定时取屠宰后热胴体的背最长肌最后肋与第一、第二腰椎间核心部分30～80克，去掉肌肉膜后迅速用匀浆机捣碎，称取10克左右肉末置于102℃烘箱中烘至恒重。将干燥肉样连同滤纸包放入萃取套管中，塞上脱脂棉，将套管填入索氏瓶中加入约160毫升石油醚（40～60℃）。启动通风、冷凝水和索氏加热器后将虹吸循环控制在每小时10次以上连续萃取6小时（测定过程中不能停水停电），然后取下脂肪收集瓶置于干燥器中过夜，于次日将收集瓶取出称重。将带有脂肪的瓶重减去空瓶重就是样本肌内脂肪重。丹麦仪器Foodscan也能快速测定肌内脂肪含量及水分。$\text{肌内脂肪含量}=\frac{\text{样本肌内脂肪重量}}{\text{鲜肉样本重}}\times100\%$。

（6）嫩度

猪肉嫩度是猪肉品质的重要指标之一，通常包含以下含义：①肉的柔软性，即人在咀嚼时，舌头和颊接触肉时产生的触觉反应。肉的柔软性变动幅度很大，有从软乎乎到木质化的感觉。②肉对牙齿压力的抵抗性，即牙齿插入肉中所需要的力量，有些肉硬得难以咬动，而有些肉柔软，对牙齿无抵抗力。③咬断肌纤维的难易程度，即牙齿咬断肌纤维的能力，有的肉容易嚼碎，而有的肉很难咬动，比较硬。④肉的碎度，即咀嚼后肉渣剩余的多少及咀嚼后到吞咽所需要的时间。一般肉的嫩度用肉的剪切力值（shear value）来表示。

肉嫩度的测定仪器为肌肉嫩度测定仪。测定时取第13～16胸椎部背最长肌一段或完整的半膜肌，去除表面附着的脂肪，装入塑料袋薄膜中扎好，放在15～16℃环境中24小时，进行尸僵前处理。然后将肉样置于4℃冰箱中熟化24小时。熟化完后，在室温下放置1小时后打开塑料薄膜袋，将温度计插入肌肉中心部，再包扎好肉样，保持袋口向上，放入80℃恒温水浴锅中，直至肌肉中心温度达到70℃为止。取出肉样，放置于室温下使肌肉冷却到20℃。从与肌肉纤维垂直方向切取宽度为1.5厘米的肉片，再用直径为1.27厘米的圆形取样器顺肌纤维方向钻切肉样，做10个重复。按照嫩度仪使用说明操作，测定10块肉的剪切力值。

正常肉平均剪切力值越高表示肉越老，相反则肉越嫩，但PSE肉有时剪切力值也较低。不同肌肉部位、同一块肌肉的不同采样位置的剪切力值都不同。剪切力值随品种、肌肉部位的不同而不同，一般情况下，剪切力值大于4千克就表示猪肉比较老，不被消费者接受。

近年来，猪肉品质越来越受到消费者的重视，因此在育种目标中增加了对猪肉质的选育，肉质性状也被纳入遗传评估中，尤其是宰后pH、嫩度和肌内脂肪含量，受到高度关注。

第三章
种猪选育

一、概　述

种猪选育就是种猪的选留、繁殖和培育，是保持品种特性、提高种猪生产性能的重要环节。种猪选育的关键是后备种猪的测定、选留和配种方案的制订；提高种群的生产性能和获得良好的遗传进展是种猪选育的目的。根据种猪群的生产方向和目标，确定种猪选择的性状及其留种标准，制订选育方向。猪的选择性状主要有肉用性状、繁殖性状和体形外貌性状。肉用性状主要包括生长速度、瘦肉率、背膘厚、肉质性状等，繁殖性状主要包括产仔数及母猪的哺育能力等，体形外貌性状主要包括体长、肢蹄、腿臀、毛色、头形、耳形等。

种猪的选留一般分为出生选留、入站选留、终测选留、配种和繁殖阶段选留。选留种猪后，需要根据育种目标和留种公、母猪血缘情况制订选配计划，现场育种技术员再根据选配计划进行配种，待母猪产仔后重新开始种猪的选留和选配。

种猪选育

二、品种类型及品系

（一）种猪品种类型

种猪品种分类方法很多，根据不同的分类方法可以分成不同的类型，归纳起来主要有如下几种。①按用途分为瘦肉型、脂肪型和肉脂兼用型3种。②按毛色分为白猪、黑猪、黑白花猪、棕猪4种。③按体成熟迟早分为早熟、中熟和晚熟3种。④按体形大小分为大型猪、中型猪和小型猪3种。⑤按耳形大小分为大耳猪和小耳猪2种。⑥按脸形分为大花脸、二花脸和小花脸3种。⑦按头骨分为直面、凹面和凸凹面3种。⑧按培育程度分为原始猪、优良猪和改良猪3种。⑨按体质分为粗糙型、细致型和结实匀称型3种。⑩按产地分为华南猪、华北猪、苏联大白猪、英国猪等。目前，使用最多的分类方法是按照用途来划分。

1. 瘦肉型

瘦肉型猪种主要是一些外国品种猪和我国培育的一些育成品种，如：长白猪、大白猪、皮特兰猪、杜洛克猪、三江白猪等。其特点是：体形呈流线型；头部轻而肉少；四肢高，四肢间宽大；背膘薄，小于25毫米；胴体瘦肉率高，大于55%；饲料利用率高。

2. 脂肪型

脂肪型猪种多数是我国的一些地方品种，如：淮猪、广东大花白猪、滇南小耳猪。其特点是：体躯宽深，体长与胸围几乎相等；腿短，肚子大；皮下脂肪厚；背膘厚，大于40毫米；胴体瘦肉率低，一般低于40%。

3. 肉脂兼用型

肉脂兼用型猪种体形介于瘦肉型猪种和脂肪型猪种之间，如：

上海白猪、北京黑猪、哈尔滨白猪、中约克夏猪等。其特点是：体宽深而不长；背膘厚；腿臀发达；皮下脂肪厚，为25～40毫米；胴体瘦肉率为50%左右。

（二）品系

品系是指具有品种的共同基本特征，但又具有区别于其他群体的突出特点，并能将这些特点相对稳定地遗传下去的一定数量的群体。品系是品种的结构单位，是当前育种公司定向培育的，具有明显特征、特性，遗传性稳定的小种群，群内个体间有一定的亲缘关系。品系的特点：①具有本品种的基本特征。②与品种内其他品系在重要经济性状上有明显的区别，具有其突出特点。③各品系间无亲缘关系或关系较远，但品系的群内个体间有一定的亲缘关系。

品系建立的方法有3种：①系祖建系法，即选定性能特别优秀的个体作为系祖，以系祖为中心，选择与系祖没有亲缘关系，又与系祖有相似特点的母猪进行交配，如此经过连续几代的繁育，将形成与系祖有血缘关系，性能与系祖相似的高产品系。该方法在品系培育前期起到了决定性作用。②近交建系法，即利用高度近交包括亲子和同胞交配，使优良基因迅速纯合扩大，形成近交系数在37.5%以上的性能一致的群体，从而形成一个品系。③群体继代选育法，即先选多个血统的优良种猪作为基础群，然后封闭群体，在闭锁群体内根据生产性能、体形外貌，分血缘进行选种选配，以培育出符合品系标准、遗传稳定且整齐度好的群体。

然而，在现代养猪育种中，要把许多优良性状集中于某一个品系内是不切实际的。而且同时选育的性状越多，性状的遗传进展越慢。如果按猪的经济性状进行品系选择，不同品系具有不同的突出特点，培育成具有某一两个性状突出的特定品系，再进行杂交配套，往往会取得事半功倍的效果。专门化品系是指生产性能“专门化”的特定品系，它是按照育种目标进行分化选择、培育形成的，每个品系具有某方面的突出优点，不同的品系配置在完整繁育体系内不同层次的指定位置，承担着专门的配套或互补任务。

栏舍

在猪的品系建立中，很少用近交建系法，这主要是因为猪是多胎动物，对近交较敏感，近交程度高时，繁殖性状、生长性能都会降低，有害基因纯合，遗传缺陷增多，导致近交衰退，无法形成优良品系。系祖建系法在18世纪时采用过，但在只有一个系祖及没有引入外血的情况下，经过3～4世代，系祖的影响基本消失，很难建立稳定的品系，所以需要进行品系间杂交、分化，选择更具特点的优秀个体，建立新的品系。由于该方法较难获得优秀个体，所以系祖建系法在猪品系培育中也用得很少。对于畜禽育种，只有群体继代选育法用得较为普遍。

群体继代选育法平衡了系祖建系法和近交建系法的优缺点，是当今世界猪育种领域普遍应用的方法，它在改良我国地方猪种中也发挥了重要作用，如湖北白猪的培育。专门化品系的培育主要就是采用群体继代选育法进行持续系统的种猪选育。

三、种猪选择方法

种猪选择是种猪选育工作的核心。种猪的育种就是通过大规模测定和性状记录、遗传评估，挑选现有群体中的优秀个体，然后通过这些优秀个体繁殖后代，使后代的性能均值超过父母代，不断提高整个群体的生产性能并推进改良。

按选择性状分，采用的选种方法有单性状选择和多性状选择两种。按选择时依据资料的处理方式分，有表型值选择和育种值选择两种。表型值选择根据表型值来源于个体本身或是其亲属，可分为个体选择、同胞选择、后裔测定、合并选择等。

1. 多性状选择

在猪育种中，种猪的选留需要同时对多个性状进行选择，如猪育种中要选生长速度、瘦肉率、产仔数、肉质等性状。多性状的选择方法主要有顺序选择法（tandem selection）、独立淘汰法（independent culling）、综合指数法（index selection）等。

（1）顺序选择法

顺序选择法，也叫单性状选择法（single trait selection），是指对所选择的*n*个性状，每个性状选择一代或数代，而每代只对其中的一个性状进行选择，即当一个选择性状取得满意效果后，再有顺序地选择另一个性状，使单个性状依次得到进展。这种选择方法可以只选择目标性状，性状单一，有利于推进该性状提高遗传进展；但由于选择性状多，而且相互之间有遗传相关关系，这种选择方法效果不好，选择时间会很长，而且性状间无法彼此兼顾。现在育种中很少使用这种方法。

（2）独立淘汰法

独立淘汰法是每代同时对几个性状进行选择，对需要选择的几个性状各自确定一个淘汰标准，一个候选个体的这些性状中只要有一个性状低于淘汰标准，则不管该个体其他性状优劣如何都要被淘汰。该方法能在较短时间内使几个性状都得到改进，但往往会淘汰某些性状不达标，而其他性状很优秀的个体，留种的个体可能是一些中庸者，后代遗传进展不明显。对种猪的体形外貌选择一般采用独立淘汰法。

（3）综合指数法

综合指数法，即在同时选择几个性状时，根据不同性状在育种目标中的重要性给予一定的权重，性状越重要，给予权重越高，由此制订一个综合选择指数，再根据指数大小选留种畜。

对单性状选择，需要尽量准确地估计个体性状的育种值，再依据育种值进行选择，来获得最佳遗传进展；对多个性状选择，就需要尽可能准确估计个体的这些性状的综合育种值，并根据数值来选种，以获得最佳的选择效果。在猪育种中，综合指数的制订也是遗传评估的一个重要环节。

综合指数法考虑了育种目标的调整，也考虑了性状之间的遗传相关，对几个性状进行综合考虑，所以综合指数法要优于顺序选择法和独立淘汰法。现在畜禽育种工作一般都采用综合指数法。

在猪育种中，世界各国都是采用多性状的综合选择指数来选种，而且各国根据自己的育种目标对综合选择指数包括的性状和权重都有相应规定。美国的终端父本指数包括性状有达114千克体重日龄、背膘厚和眼肌面积，母猪繁殖指数包括性状有产活仔数、断奶仔猪数、初生窝重、21日龄断奶窝重、从断奶到配种的天数。母系指数包括性状有日龄、背膘厚、眼肌面积、产活仔数、断奶仔猪数、初生窝重、21日龄断奶窝重、从断奶到配种的天数等。在加拿大，父系指数包括性状有瘦肉量、眼肌面积、日龄、饲料转化率等，各品种父系指数中有不同的加权值。母系指数的主要性状包括瘦肉量、眼肌面积、日龄、饲料利用率、产活仔数等，而且品种不同，公式中的各性状的权重不同。

在我国，种猪的选育目标也在随着市场需求的变化和育种技术的进步而不断改变。现阶段我国猪育种中，综合指数一般分为父系指数、繁殖指数和母系指数。父系指数主要是达100千克体重的日龄和达100千克体重的校正背膘厚两个性状，繁殖指数包括窝产总仔数和21日龄断奶窝重两个性状，母系指数是生长指数和繁殖指数拟合而成的一个综合指数。我国现阶段猪育种中，各品种遗传评估所用的综合指数见表10，公式中的A、B分别为对应性状的权重，adgebv、fatebv、tnbebv、lw21ebv分别表示：达100千克体重日龄的育种值、达100千克体重背膘厚的育种值、窝产活仔数的育种值和21日龄断奶窝重的育种值。

猪舍内管道

表10　各品系综合指数的计算

品种	指数	计算公式
杜洛克猪	父系	100+25×（A×adgebv/23.19−B×fatebv/0.67）
	繁殖	100+25×（A×tnbebv/0.33+B×lw21ebv/1.71）
	母系	100+25×（A×adgebv/23.19−B×fatebv/0.67）+25×（A×tnbebv/0.33+B×lw21ebv/1.71）

续表

品种	指数	计算公式
皮特兰猪	父系	100+25×（A×adgebv/23.19−B×fatebv/0.67）
	繁殖	100+25×（A×tnbebv/0.33+B×lw21ebv/1.71）
	母系	100+25×（A×adgebv/23.19−B×fatebv/0.67）+25×（A×tnbebv/0.33+B×lw21ebv/1.71）
长白猪	父系	100+25×（A×adgebv/22.74−B×fatebv/0.89）
	繁殖	100+25×（A×tnbebv/0.33+B×lw21ebv/1.71）
	母系	100+25×（A×adgebv/22.74−B×fatebv/0.89）+25×（A×tnbebv/0.33+B×lw21ebv/1.71）
大白猪	父系	100+25×（A×adgebv/19.52−B×fatebv/1.03）
	繁殖	100+25×（A×tnbebv/0.33+B×lw21ebv/1.71）
	母系	100+25×（A×adgebv/19.52−B×fatebv/1.03）+25×（A×tnbebv/0.33+B×lw21ebv/1.71）

2. 表型值选择

表型值选择就是根据测定的表型值的高低进行选择。因此就有依据家系均值的家系选择、依据家系内偏差的家系内选择和依据两者的综合信息的合并选择。在选择中，根据对这两部分施加的权重大小，可以分为个体选择、家系选择、家系内选择、合并选择等。

（1）个体选择

个体选择也称为大群选择（mass selection），即按个体本身的性状表型值在群体中的高低，根据综合选择指数从高到低进行选择。个体的表型值可剖分为两部分：一是个体所在的家系均值P_f；二是个体表型值与家系均值之差（P_i–P_f），也称之为家系内偏差，用P_w表示。$P_i = P_f + (P_i - P_f) = P_f + P_w$。个体选择是对家系均值和家系内偏差给予等量的权重。这种方法操作简单、方便，是畜禽育种早期的选种方法，它的准确性取决于性状的遗传力大小，所以对遗传力高的性状选择效果有效，在不太严格的育种方案中也采用这种方法，如后备猪的体重选择。当个体性状值有重复时，能提高其选择效果。

种猪个体选择

（2）家系选择

比较群体中各个家系的均值 P_f，根据家系的均值高低选留家系均值高的个体。这种选择方法只考虑家系均值，而不考虑家系内的偏差 P_w，更远的家系的信息对选择意义不大，个体的表型值除对家系平均值有贡献外，对选择并不起作用。家系选择的准确性计算公式为：$r_{AI}=\frac{1+(n-1)r_A}{\sqrt{\left[1+(n-1)r\right]n}}h$，其中 n 为家系含量，r_A 为家系内个体间的亲缘相关系数，r 为个体间的表型相关系数，也为组内相关系数。 因此家系选择的准确性主要取决于家系的含量、个体间的表型相关和性状的遗传力。该方法主要用于限性性状，对遗传力偏低的性状，采用含量较大的家系选择，效果较好，因为这类性状易受环境影响，个体表型值与育种值的差异大，而家系均值更接近家系育种值。

家系选择有两种情况：①包含被选个体在内的家系均值选择，称为家系选择。②不包含被选个体在内的家系均值选择，如果家系均值来自被选个体的同胞，称为同胞选择；如果家系均值来自被选个体的子女则称之为后裔选择，也叫后裔测定，这种方法在奶牛育种中被广泛使用。丹麦是猪育种中最早采用后裔测定的国家，超声波开始应用于种猪活体膘厚测定后，种猪个体性能测定开始在世界上流行。当前由于种猪冷冻精液技术成熟和最佳线性无偏预测（best linear unbiased prediction，BLUP）法的开发，有时还会利用后裔测定的理念来选择极优秀的种公猪。

家系选择使选留的个体来自少数家系，而一些差的家系中的优秀个体被淘汰，使整个群体的近交系数增加高于使用个体选择方法时整个群体的近交系数，该选择方法只有在需要淘汰家系时才使用，适用于低遗传力、大家系和共同环境造成的家系间差异小的性状，如母猪的产仔性能的选择。

（3）家系内选择

家系内选择即在稳定的群体结构下，不考虑家系均值的大小，只根据个体表型值与家系均值的偏差来选择，在每个家系中选择超过家系均值多的个体留种。这种方法考虑家系内的偏差而不考虑家系均值，其准确性的计算公式为：$r_{AI}=(1-r)h\sqrt{\frac{n-1}{n(1-r)}}$。从公式看出家系内选择的准确性取决于性状的遗传力和个体的表型，而与家系含量无关。因此家系内选择适合家系成员具有共同环境效应且遗传力低的性状，如仔猪出生和断奶选留时，每窝选留断奶重高的个体留种。

（4）合并选择

合并选择即同时使用家系均值和家系内偏差两种信息来源，根据性状遗传力和家系内表型相关，分别给予两种信息以不同的加权，合并为一个指数 I ，根据指数 I 的高低进行选择。合并指数计算公式为：$I=b_fP_f+b_wP_w=h_f^2P_f+h_w^2P_w$。合并指数选择的准确性公式为：$r_{AI}=h\sqrt{1+\frac{(r_A-r)^2(n-1)}{(1-r)[1+(n-1)r]}}$ ，其准确性高于个体选择、家系选择和家系内选择等方法，是表型选择中最准确的选择方法。但合并选择必须同时有个体记录和家系记录，所以合并选择是相对比较复杂的。

3. 育种值选择

随着计算机技术发展，育种值选择成为猪育种的一个重要环节。育种值选择，即根据个体育种值的高低进行选择。个体育种值简称育种值，也称为种用价值，是指种畜的性能种用价值，即个体作为种用时对后代群体提供的遗传贡献。在数量遗传学中把决定数量性状的基因加性效应值，定义为育种值（breeding value）。从理论上讲，育种值能100%地遗传给下代，但育种值不能直接度量，在实际生产中只能利用统计学原理和方法，根据个体和亲属的表型值和个体间的亲缘关系来估计，所以一般称为估计育种值（evaluated breeding value，EBV）。

育种值估计就是利用所有可以利用的信息，根据个体的表型值和亲属的表型值及其亲缘关系来估计个体育种值的过程。育种值估计可以利用可追溯的祖先、同胞、个体本身及后裔等的信息。育种值估计可用如下回归方法估计：$\hat{A}=b_{AP}(P-\overline{P})+\overline{A}$。式中，$\hat{A}$ 为个体估计育种值，P为个体的性状表型值，$\overline{P}$为群体表型均值，$\overline{A}$ 表示群体育种值均值，b_{AP} 表示个体育种值与表型值的回归系数，$b_{AP}=r_{AP}\frac{\mathrm{Cov}(A,P)}{\sigma_A\sigma_P}$ 。在大群体中群体育种值均值与群体表型均值相等，当把 A 和 P 都以离群均差表示时，$\hat{A}=b_{AP}P$ 。因此，估计育种值的关键问题是计算 r_{AP} 。一般情况下，假设加性效应和环境效应无互作，则 $r_{AP}=\frac{r_A\sigma_A}{\sigma_P}$ ，所以估计育种值 $\hat{A}$ 与被估个体和亲属的亲缘关系大小 r_A 相关，因此，用与被估计个体亲缘关系越近的资料估计个体育种值越准确。在实际育种中，用于估计个体育种值的信息主要来源于个体本身、双亲、同胞及后裔四类信息。

随着统计学和计算机技术的发展，估计畜禽育种值的方法也发生了根本变化。现在世界各国广泛应用的是BLUP法。1972年Henderson系统地提出了BLUP法，BLUP法逐步应用到对奶牛、猪、羊、禽的育种值估计中；随着计算机运行能力的提高和网络的发展，当前BLUP法在猪育种中已得到广泛使用。BLUP法的主要优点是：①能充分利用个体及其父母、同胞、后代等所有信息，提高了育种值估计的准确性。②可消除环境因素造成的偏差，获得个体真实的育种值。③能校正由选配造成的偏差，如优良公猪配等级不同的母猪。④能考虑不同群体、不同世代的遗传差异。因此，BLUP法能依靠群体间的遗传联系，比较群体内或群体间种猪个体的优劣。遗传联系是通过人工授精站、性能测定站及种猪的拍卖或销售而建立的。由于考虑了每年的遗传进展，决定了不同年龄组育种值之间的可比性，即不同世代的种猪能进行准确比较，为育种的连续性提供可靠的信息。当利用个体的多次记录时，可将由淘汰造成的偏差降到最低。例如考虑繁殖母猪胎次不同对产仔数育种值的影响。

4. 猪育种值估计

猪育种中需要估计育种值的性状主要有繁殖性状、生长性状、胴体性状及肉质性状等。

现在畜禽育种值的估计均采用BLUP 法。BLUP法的第一步是建立数学模型，建立模型时首先要了解影响性状的各种因素。猪性状的表型值受到环境和遗传的影响，按照数量遗传学理论，猪的性状表型值可剖分为：$P=A+D+I+E$，其中猪个体的加性效应A，是可以遗传给后代的，而显性效应D和上位效应I，主要由基因之间的互相作用产生，不能稳定遗传给后代，在实际育种值估计中一般不予考虑，环境效应E对表型值有影响，所以估计育种值时需要考虑。简而言之，成功的猪育种就是有利加性效应的积累过程。

实验室设备

（1）繁殖性状

繁殖性状主要包括总产仔数、产活仔数、21日龄断奶窝重、产仔间隔和初产年龄等性状，但一般只估计总产仔数、产活仔数和21日龄断奶窝重的育种值。影响这些性状的环境因素主要有：①猪群（场别），这是一个综合因素，包括饲养管理、饲养方式等方面的差异。②产仔年份、季节。③母猪的胎次。④窝别，来自同一窝的仔猪除了在遗传上有相似性外，在环境上也有相似性。⑤母猪内永久环境效应。估计育种值首先要对配种方式、配种次数、分娩季节、产仔年龄和胎次等环境因子进行校正，所用的模型是：

$$y_{ijkl}=u_i+hysp_{ij}+l_{jk}+a_{ijkl}+p_{ijkl}+e_{ijkl}$$

式中：y_{ijkl}为第i个性状的观察值（i=1、2或3，分别为窝产总仔数、窝产活仔数或21日龄断奶窝重）；u_i为第i个性状的群体均值；$hysp_{ij}$为母猪产仔时的场、年、季、胎次固定效应；l_{jk}为母猪出生时的窝随机效应，服从（0，$\boldsymbol{I}\sigma_l^2$）分布；a_{ijkl}为个体的随机遗传效应，服从（0，$\boldsymbol{A}\sigma_a^2$）分布，$\boldsymbol{A}$指个体间亲缘关系矩阵；p_{ijkl}为母猪永久环境效应，服从（0，$\boldsymbol{I}\sigma_p^2$）分布；e_{ijkl}为随机残差效应，服从（0，$\boldsymbol{I}\sigma_e^2$）分布。

所有随机效应的方差（σ_l^2，σ_a^2，σ_p^2，σ_e^2）对所有个体都是恒定的。不同加性效应间由于猪个体间存在血缘关系而存在协方差，所有加性遗传效应间的方差——协方差矩阵可表示为$\boldsymbol{A}\sigma_a^2$，不同窝随机效应间、永久环境效应间和随机残差效应间不存在协方差，窝随机效应、永久环境效应与随机残差效应间不存在协方差。

（2）生产性状

生产性状又称断奶后性状，主要包括生长性状、胴体性状和肉质性状。生长性状主要指生长速度和饲料转化率，胴体性状主要是指背膘厚、眼肌面积及瘦肉率等，肉质性状主要是指肌内脂肪含量、肉质指数等。影响这些性状的环境因素主要包括：猪群（场别）；出生年份、季节；性别；栏舍；窝别；遗传组，按年度和性别划分基础动物的遗传组。

在实际育种生产中，现阶段主要估计达100千克体重日龄和背

膘厚两个性状的育种值。模型如下：

$$y_{ijkl}=u_i+hyss_{ij}+l_{ik}+g_{il}+a_{ijklm}+e_{ijklm}$$

式中：y_{ijkl}为第i个性状的观察值（i=1时为达100千克体重日龄，i=2时为达100千克体重的背膘厚）；u_i为第i个性状的群体均值；$hyss_{ij}$为出生时场、年、季、性别固定效应；l_{ik}为窝随机效应，服从（0，$\boldsymbol{I}\sigma_l^2$）分布；g_{il}为虚拟遗传组固定效应；a_{ijklm}为个体的随机遗传效应，服从（0，$\boldsymbol{A}\sigma_a^2$）分布，$\boldsymbol{A}$指个体间亲缘关系矩阵；e_{ijklm}为随机残差效应，服从（0，$\boldsymbol{I}\sigma_e^2$）分布。

四、猪外貌体形评定

外貌评定也叫外形评定、外形鉴定，即直接根据畜禽的体形外貌和外形结构对个体进行选留或淘汰的选择方法。外貌可以反映品种或个体间差异即生长发育、健康状况和适应性，还可以近似地反映其生产能力。所以外貌评定对畜禽育种是非常重要的。

猪的外貌评定在猪选种中是一项重要的环节。在进行种猪外貌评定时，测定人员一般应与后备种猪保持3倍猪体长的距离，从正面、侧面和后面，根据其不同品种的外貌体形特征，进行一系列观测和评定，主要从体形结构、肢体结实度、外生殖器官等多方面进行观测和评分，再根据观测得到的总体印象综合对其优劣进行评定。

一般将猪的身体划分为头部、前躯、中躯和后躯四部分，评定时分别对这四部分进行评定，另外也要对肢蹄和外生殖器官进行评定。一般对体形的要求：品种特征明显，符合育种目标，体质结实，行动灵活、前后躯无扭曲，结构匀称，发育良好，无明显的弓背或塌背。

1. 头部

头部要求与整个体躯的比例匀称，中等大小，上下唇腭吻合良好，耳大小适宜、不过重或过轻，母猪清秀、公猪有雄性特征，头颈肩结合良好，无肥腮，鼻、嘴、眼、耳等五官符合品种特征。头颈过重、过长、过短都不符合要求。

2. 前躯

前躯要求肩部宽平、肩胛角度适中、丰满，与颈部结合良好。鬐甲要宽平，胸部宽、深、开阔，公猪的前胸比母猪的要宽，前肢开阔。胸肋宽、深、开张，两腿布局合理，双腿距离适宜，腿型好。

3. 中躯

中躯是产肉较多的部位，要求与前躯和后躯部位结合良好。背部要求宽、平、直且长，腰部也要宽、平、直且强壮，长度适中，肌肉充实。胸侧要宽平、强壮、长而深，外观平整、平滑。肋骨开张而圆弓，外形无皱褶。腹部容积要大，不下垂、不卷缩，腹线平直。有效乳头数依据品种不同而不同，父系猪不少于6对，母系猪则要求7对以上，且分布均匀。

4. 后躯

后躯要求宽广而丰满、开阔。臀部要宽、长而平，可稍微倾斜，肌肉丰满。母猪臀部宽阔，表明骨盆发达、产仔较多、分娩容易。后腿要求厚、宽、长、圆，肌肉丰满，肌肉分布一直延续到飞节。尾根要粗，向下渐小。

5. 肢蹄

肢蹄要求前肢站立姿势端正，无“X”形和“O”形肢蹄，后肢无“Y”形等肢蹄缺陷。肢蹄结实，四肢开张，系部结实、柔软，步态自然，走路有弹性，关节无肿块。前后肢两蹄大小相等。前肢的肢蹄卧系、立蹄、内八字、外八字，后肢镰刀形等都不能留作种用。

6. 外生殖器官

外生殖器官是种猪的主要性征，要求种猪外生殖器官发育正常，性征表现良好。公猪睾丸大小适中且一致、外露、轮廓鲜明且对称。母猪阴户发育良好，外阴过小预示生殖器官发育不好，内分泌功能不强，容易造成难产等繁殖障碍。

分隔栏

外貌评定时，还需要观察种猪的皮肤、鬃毛、毛色等特征。要求皮肤柔软、强韧、均匀光滑、富有弹性。鬃毛光泽而厚密。毛色要符合品种或品系的特征，肤色也要符合品种特征，不能有杂色或杂斑。

总之，母系种猪要求体格、外生殖器、乳腺、肢蹄结构正常；无干扰正常繁殖功能的缺陷或缺点，尤其是乳腺和骨骼；外生殖器官发育正常，至少有7对距离适中且能正常发挥功能的乳头。父系种猪要求体形结构健全，肢蹄结构健全，骨骼发育好；个体及其亲属无遗传缺陷，外生殖器官发育好；乳头数在6对以上，乳头间隔适中；四肢间距宽，行动自然，前肢及后肢弹性好，两蹄大小适中。

五、种猪各阶段的选留

种猪的选留一般分为出生选留、入站选留、终测选留等阶段。各阶段的选留情况分别如下所述。

（一）出生选留

种猪出生后，需要根据育种目标进行出生选留，选留时，种猪根据耳号编排原则打耳号。选留要求：①仔猪皮、毛和外貌要符合其品种或品系特征。②同窝产仔数不能少于7头。③仔猪活力好。④有效乳头数6对以上，且排列均匀，间距合适。⑤母猪要求1.0千克以上，公猪要求1.2千克以上，一窝选留1～3头留种，优秀血缘的母猪尽量留下符合要求的公、母仔猪。⑥要求同窝无单睾、隐睾、锁肛、疝气、震颤等遗传缺陷。

（二）入站选留

断奶仔猪在保育舍饲养，在体重（30±3）千克时转入测定站，此时需要进行入站选留。入站选留种猪的要求：①公、母猪生长发育良好，体重达到入站体重要求，生长过慢的猪只不予选留。②公、母猪均要求肢蹄结实、健康状况良好。③有效乳头数6对以上，且排列均匀，间距合适。④公猪平均每窝至少选留2头，母猪平均每窝至少选留2.5头。⑤同窝中无疝气、隐睾、阴囊疝等遗传缺陷疾病。⑥优秀血缘的后代尽可能多留。

（三）终测选留

后备种母猪在测定站体重达到（85±5）千克，公猪达到（100±5）千克后进行终测。终测时间一般在猪只5～6月龄完成，这时猪的重要生产性状（除繁殖性能外）都已经基本表现出来。测定指标包括猪只的体重、背膘厚、瘦肉率等，并对猪只进行外貌评定，测定后根据其生产性能及其亲属的性能一起评估个体的育种值，计算育种值的综合指数。该阶段的选留是选种的最关键阶段，它决定选留猪群的遗传性能的好坏，因此选留时要注意以下几点：①从体形外貌上对后备猪进行选择，淘汰那些体形有明显缺陷、不符合其品种特征、四肢结实度差、肢蹄存在明显疾患、有内翻乳头、有效乳头数少、外阴特别小、同窝有遗传缺陷的猪只。②根据后备猪的生产性能的育种值进行选留，按照生长速度、活体背膘厚、繁殖性能等生产性能的综合育种值指数选留或淘汰剩余个体，核心群公、母种猪选留要反复测试，至少经过两次现场评估确认，避免差的猪只进入核心群。③将选留的公、母猪根据其体形评分和综合指数进行分级，再根据公、母猪的等级和亲缘系数进行选配。

种猪选留

（四）配种和繁殖阶段选留

后备猪经过终测选留后，对其祖先状况、生长发育情况、外貌等方面都已有了较为全面的评定。配种和繁殖阶段主要是对繁殖性能进行选择。在这个阶段淘汰的母猪有以下几类：①7月龄后无发情征兆者。②连续3个情期配种未受孕者。③断奶后2～3个月不发情者。④母性差者。⑤连续几胎产仔少者。⑥泌乳力差者。性欲低、精液品质差、所配母猪产仔少的公猪也要被淘汰。

六、配套系及培育方法

（一）配套系概述

配套系是指在专门化品系（含专门化父系和母系）培育的基础上，以数个专门化品系（多为3个或4个系为一组）为亲本，通过严格设计的杂交组合试验（即配合力测定），筛选出其中的一个杂交组合作为“最优”杂交模式，再依此模式进行配套杂交得到的产物——商品代畜禽。培育配套系的育种过程，称为配套系育种。配套系育种也可按照性状特点、基础群性能特色进行预先设计，采用定向选育法来组装和推广应用。配套系主要在猪和家禽育种中应用，因为猪和家禽的繁殖力相对于牛、羊来说较高。

配套系是随着养猪生产和技术水平的不断提高而产生的。世界养猪业生产商品猪的方法经历了三个阶段。第一阶段：19世纪，人们依靠培育品种进行纯种繁育直接生产商品猪。第二阶段：20世纪中期，杂种优势的发现使得品种之间杂交成为生产商品猪的主要方法。该方法能利用杂交优势，显著提高养猪生产力。但品种间杂交也有一些不可克服的缺陷，如品种间杂交变异较大，常出现性能不稳定、一致性差的问题，而且无法综合多个品种的优点，无法保证突出性状的稳定遗传，从而使杂交商品猪的性能不稳定。第三阶段：20世纪70年代，随着育种的专门化和企业化程度的不断加深，人们对生产效益的要求不断提高，分别培育了专门化父系和母系。

用专门化品系生产的杂交猪具备更高的生产性能，商品猪的一致性和猪肉品质的标准化更能满足规模化生产需求。

配套系育种的优点：①培育时间短，配套灵活，专门化品系可自主选择的性状少，易于培育，所需时间短。②各品系主选性状少，遗传进展快，各品系选育目标单一，从而减少性状之间负相关而抵消选育效果的情况，所以能获得较好的遗传进展。③充分利用品系间的杂种优势，品系间互补性强，专门化母系猪的培育使得种母猪能充分利用繁殖性能的杂种优势，父系猪能利用综合生长发育及胴体性状的杂种优势，因此，商品猪也利用了父系和母系杂交的杂种优势。④专门化品系选育目标明确、清晰，从而终端肉猪产品生产方向明确，不同杂交组合的配套系的互补性不同，为了获得特定品质的商品猪，需要的配套系不同。⑤育种效果好，经济效益显著。专门化配套系的利用，可使规模化养猪获得最大的经济效益，经济效益提高10%～20%。⑥配套系猪整齐度好、繁殖性能好、生长速度快、饲料利用率高、胴体品质好，因此配套系培育和生产是当今世界养猪业可持续发展的必然趋势。

（二）配套系的培育方法

20世纪60—70年代，随着专门化品系的培育及其杂交配套系的发展，世界上许多国家的猪育种公司开始采用配套系繁殖体系，专门为商品猪生产企业提供杂交亲本，如PIC种猪改良国际集团、斯格种猪有限公司等。这些公司利用世界各地的优良猪种遗传资源，培育了许多专门化父系和母系，他们还采用不同杂交组合，培育出适合不同地区、不同条件、不同消费特点的客户要求的配套系。

猪配套系的培育需要经过四个步骤，其中培育专门化父系、母系，以及在多个专门化品系之间开展杂交组合试验均是配套系培育和研发的关键步骤。

配套系培育

1. 育种素材的收集和评估

配套系培育，先要明确配套系的选育目标，收集和引入培育专门化品系的优秀种猪资源群，建立各具特色的高素质选育群。专门的种猪育种公司都建有很大的、多样化的、为配套系服务的育种素材群，以便依据对不同国家市场的特点、走向与变化的预估和判断，调整育种目标，适时地培育出新的适合市场的专门化品系。建立育种素材群的过程，实际上是一个引种的过程。引种前要熟悉引种群体的特点和性能状况，要有科学的引种计划。引种时要经过严格的检疫，引进的种猪需要经过性能测定和评估。育种素材在保存过程中，要尽可能防止某些等位基因的丢失，保存方法与遗传资源保存方法类似。

2. 培育多个专门化父系或母系

在公司拥有的育种素材中，选出合适的品种或品系，采用合适的方法，培育出多个专门化父系和母系，专门化品系的个数要能满足配套系杂交组合试验需要。专门化品系培育的原则：①确定配套系的培育方案，严格区分父系品系和母系品系。②专门化品系的定位应该在育种方案中有所体现，即明确专门化品系的选育目标、特色性状、育种指标和达到育种指标所采用的方法。③确定专门化品系需要达到的遗传纯度。

在专门化品系的培育过程中，一般采用家系选择和个体选择相结合的方法，在保证一定血缘数的条件下，淘汰具有遗传缺陷、变异系数大的家系，在入选的家系中按照选择目标性状的育种值进行排序，实行群体内部个体选择，淘汰性能差的个体。专门化品系的父本品系和母本品系的选育方向不同，各品系选育重点必须明确突出。专门化母系的选育方向是突出繁殖性能的选择，主选繁殖性能，适度选择生长速度和胴体瘦肉率等性状，要求性成熟早、产仔数多、泌乳力强、母猪使用年限长、仔猪活力好、繁殖性能指数高、抗应激、生长速度较快，以及背膘厚和瘦肉率适中。专门化父系的选育方向是生长速度、胴体品质和体形的选择，要求生长速度快、饲料利用率高、瘦肉率高、腿臀肌肉发达、背膘薄、体形好、抗应激及公猪性欲好。

3. 开展杂交组合试验

筛选“最佳”配套组合。杂交组合试验是配套系培育过程的一个必不可少的环节。在专门化品系的性能基本稳定之后，需要对他们的杂交效果进行判断，这就需要组织杂交组合试验，对这些品系进行配合力测定，最终确定这些专门化品系的方向。从理论上讲，如果有n个专门化品系，需进行$n \cdot (n-1)$个杂交组合试验，但这样需要大量的资金、人力、物力投入，任务很重。实践中，为了节约资金和人力，需要根据专门化品系生产性能和定向选育方向，再结合以往育种工作中总结的经验和教训，预测杂交效应，剔除部分无效杂交组合，设计合理的实验方案，保证每个杂交组合的样本含量（含屠宰测定和肉质测定的样本含量）为30个或稍多一些，设定亲本纯种选配对照组，组织符合市场需求的杂交组合试验，杂交组合试验必须在条件一致的情况下进行，减少系统误差和认为误差，保证杂交试验结果的可靠性。

广东华农温氏畜牧股份有限公司（温氏集团）培育华农温氏1号猪配套系就是一个很好的例子。温氏集团根据我国养猪业的市场需求，确定了猪配套系育种的目标：在保持适度瘦肉率和适度生长速度的前提下，重点加强对繁殖性状、肉质、抗病性的选择，继续提高饲料利用率及增加肉猪上市体重，继续降低生产单位产品的成本，加大产品质量和一致性的选择。在该育种目标下，引进相关适合的育种素材条件，培育专门化父系和母系品系。品系培育中利用封闭继代选育法，通过严格的选育和测定，利用合理的模型对个体进行遗传评估，经过严格的选留和选配计划，培育出专门化品系。各专门化品系选育重点明确突出，在母系方面，母Ⅰ系种猪主要选繁殖性能、体长和生长速度性状，是第一母本，要求繁殖率高和生长速度迅速，瘦肉率适中；母Ⅱ系种猪主要选体形、生长速度性状，适当兼顾繁殖性能和瘦肉率。在父系方面，父Ⅰ系皮特兰猪主要选体形、生长速度和瘦肉率性状，突出更快的生长速度、更高的瘦肉率和更长的体长；父Ⅱ系杜洛克猪主要选生长速度、饲料转化率，兼顾体形、肉质和瘦肉率等特点，要求生长速度快、饲料转化率高，体长更长。经过严格的杂交配套组合试验，培育出华农温氏1号猪配套系，已经于2005年通过农业部的严格审定。

杂交组合

七、种 猪 选 配

选配是指人为确定猪只或猪群间的交配行为，即有目的地选择公母猪配对，有意识地组合后代的遗传基础，试图通过培育获得良种或合理利用良种。选配是为了创造必要的变异种，加速优良基因的纯化，把握变异的方向，避免非亲和基因配对，控制近交程度，防止近交衰退。在育种中必须制订完整的种猪选配计划。选配方式主要有个体选配、群体选配。

（一）个体选配

个体选配即以个体为选配单位的选配方式。个体选配可以分为品质选配和亲缘选配。

1. 品质选配

品质选配也叫选型交配，是考虑交配双方品质对比情况的一种选配方式。品质一般包括个体的体质、体形、生物学特性、生产性能、产品质量等方面，还包括个体的遗传品质，在遗传育种中指畜禽育种值的高低。品质选配可分为同质选配和异质选配。

（1）同质选配

同质选配即以个体的品质相似性为基础的选配，选择表型性状、性能表现一致或育种值相似的公、母猪进行配种，以获得与亲代品质相似的优秀后代。同质选配中交配双方越相似，越能将共同的优秀品质遗传给后代，越能使后代基因纯合，加速群体的同质化。同质选配主要用于固定群体当中的理想类型，或者使群体分化形成纯合的亚型，同质交配加上选择能得到性能优越而又有共同的优秀品质的群体。同质选配一般在保种和品种或品系培育过程中横交固定阶段采用。

同质选配可以改变群体的基因型频率，使纯合子的频率增加，杂合子的频率减少，不能改变其基因频率。其中，遗传同型交配的效果大于表型同型交配，而且对遗传力高的性状作用大。同质交配，不会改变数量性状的育种值，但可能降低群体的均值。长期采用同质选配可能会增大群体的近交系数，降低群体内的变异性，使原有的缺点更明显，群体的适应性和生活力下降，所以在使用同质选配的同时还得加强对群体的选择。

（2）异质选配

异质选配也叫异型选配，即对表型或品质不同的个体进行选配。异质选配分为两种类型：一是以综合优点为目的，即选择具有不同优异性状的个体进行交配，以将两者的优良性状结合在一起，让后代具有双亲的优点。二是以优改劣为目的，即选择同性状但优劣不同的个体进行交配，以好改坏、以优改劣，后代的性能表现在双亲性能优劣程度的中间，是一种改良选配。异质选配属于中间型遗传，可以综合双亲的优良性状，丰富后代的遗传基础，创造新的类型，提高后代的适应性和生活力。同质选配对具有负相关和连锁的性状选配效果不好。在猪育种上，异质选配就是选择具有不同优良性状的公、母猪配种，以获得兼有双亲不同优点的后代，也可以选同一性状但优劣程度不同的公、母猪配种，使纯种后代的性状有较大的改进和提高。生产高质量的纯种，才能更好地产生高产的杂交品种。

在生产上，以同质选配为主，也可以将两者结合使用；在育种上，选育的前期以异质选配为主，在群体性状表现较为稳定后，再采用同质选配来固定。

2. 亲缘选配

亲缘选配，即考虑交配双方亲缘关系的选配。亲缘选配分为近交和远交两种方式。如果交配双方有较近的亲缘关系（一般指双方到共同祖先的总代数不超过6代），则称为近亲交配，简称近交。如果交配双方亲缘关系较远，则称为非亲缘交配，或远亲交配，简称远交。

（1）近交

近交会使基因纯合，从而固定优良性状，减少分化；可以使隐性有害基因纯合，使有害基因暴露；可以提高优良个体的交配概率，使其优良基因得到保存，从而保持了优良个体的血统。在猪的育种中，由于近交能使优良基因得到固定，所以很多品种选用近交方式。近交提高了畜群的同质性，使基因纯合，使群体分化，可用于提纯。近交在实验动物培育近交系上应用较多。

由于近交使有害基因纯合，所以近交容易产生近交衰退现象，即近交会导致畜禽出现繁殖性能、生理活动及适应性降低等现象。近交衰退，一方面是因为绝大多数有害基因都是隐性的，处于杂合子状态时，这些有害基因被显性的杂合子等位基因掩盖，而不表现病态或不利的性状。近交使这些基因逐渐纯合，有害基因暴露出来，而基因之间的互作效应减少，致使后代生活力、繁殖性能降低。另一方面，个体的发育受效应微小的多基因共同作用的影响，自然选择可使野生或杂交动物建立对环境适应能力较强的多基因组合平衡系统，而近交繁殖常常会破坏这个系统，使得近交后代生理不足或机能失调。为了防止近交衰退，必须严格淘汰不良隐性纯合子个体；导入外血，更新血缘；做好选配计划，结合远交，增加公畜的选留率，扩大血缘数，控制亲缘程度。

（2）远交

远交是交配双方没有亲缘关系或亲缘关系比较远的交配方式。远交一般是指群内亲缘关系远的个体间杂交，即远缘杂交。远交可以增加杂合子频率，使基因之间产生互作效应，提高群体的均值，增加后代的遗传方差。

在种猪的选配中，要防止近交衰退，需要猪群保持一定的规模和血统数。在组建猪群时，应适当增加公猪的数量，而且公猪之间最好无血缘关系，保证在以后选配中能满足群体的最低近交系数要求；准确记录种猪的系谱；制订科学合理的选种选配计划，不选留有遗传缺陷的公、母猪，核心群中同窝有遗传缺陷的公、母猪都不留种。选配时，计算猪只之间的近交系数，禁止近交系数高的个体之间交配；对于相对封闭的猪群，在经过一定世代的选育后，要适当引进外血，以降低群体的近交系数。

（3）近交系数计算

在猪育种中，选配计划的制订需要明确猪群的平均近交系数和个体之间的近交系数，因此近交系数的计算也是育种中一项非常重要的工作。

近交系数，表示纯合的相同等位基因来自共同祖先的概率，或表示杂合基因比近交前减少的程度，或形成个体的两个配子之间的相关系数，或一个个体同一基因座上的两个基因为同源相同基因的概率。

1）个体近交系数。个体近交系数就是指该个体的任一基因座上的两个基因为同源相同基因的概率。

$$F_X = \sum[(\frac{1}{2})^{n_1+n_2+1}(1+F_A)]$$

式中：n_1为由该个体的父亲到共同祖先A的代数；n_2为由该个体的母亲到共同祖先A的代数；F_A为共同祖先本身的近交系数；$\sum$表示所有共同祖先计算值的总和 。

2）群体近交系数计算。

小群体：先算出每个个体的近交系数，然后计算所有个体的平均值即可。

大群体：随机抽样，计算平均值，用样本平均数来代表畜群平均近交系数。

当群体规模非常大时，对个体进行分类，求每一类个体的近交系数，再求其加权平均数。

闭锁群体：指长期不从群外引进种畜的群体。计算时求出每一代近交系数的增量（ΔF），再求出近似近交系数。

其平均近交系数增量可以用下面的近似公式计算：

$$\Delta F = \frac{1}{2N_e} = \frac{1}{8N_S} + \frac{1}{8N_D}$$

式中：ΔF为平均每代群体近交系数的增量，N_e、N_S、N_D分别为群体有效含量、参与配种的公畜数、参与配种的母畜数。

当群体每代近交系数增量不变时，公式如下：

$$F_t = F_{t-1} + \Delta F = 1-(1-\Delta F)^t$$

式中：t为世代数；F_t为第t代群体近交系数。

（二）群体选配

种群主要是指品种、品系或品种内的类群。群体选配，即考虑交配的双方各自所处的种群是属于同一种群还是不同种群，主要有纯种选配和杂种选配两种情况。

1. 纯种选配

纯种选配，也曾被称为本品种选育，是指同一种群范围内，通过选种选配、品系繁育、改善培育条件等措施，以提高种群性能的一种方法。纯种选配主要是为了巩固种群的优良遗传性能，并且提高种群的品质。

在育种中，当一个种群的生产性能基本能满足生产需求，在选育上不需做大的方向的改变时，还必须保持和发展该种群的优良特性，增加种群内优良个体的比重，同时还要克服种群的某些缺点。这时采用纯种选配方式，可以达到保持种群纯度和提高种群质量的目的。因此，纯种选配的主要任务是：①通过纯种选配提高种群遗传性能和优良品质。②通过群体内近交和选择，保持种群的纯度。③做好保种工作，为育种提供尽可能多的育种素材和基因资源库。

在种猪新品系培育、种猪核心群选育和扩繁中主要采用的是纯种选配方式，即采用一定程度的近交，并结合选种，剔除有遗传缺陷的个体，提纯品系，提高品系的生产性能和品质。

2. 杂种选配

杂种选配，一般称作杂交选配，也称为异种群选配，即具有差异的群体之间的个体交配。杂种选配没有近交问题，可以使优秀公猪、优秀血缘得到最大化配种利用。种群差异一般指种群特性、表型或基因型三个方面。杂种选配包括不同品种间的交配、不同品系间的交配或生物学上不同种（类）之间的远缘杂交。

杂交一般分为三种：①按种群关系远近不同可分为系间杂交、品种杂交、种间杂交、属间杂交等几种。在品种培育过程中用得较多的是品种杂交，而在品系培育过程中用得较多的是系间杂交。②按杂交的目的可分为经济杂交、引入杂交、改良杂交、育成杂交等。经济杂交是为了利用杂种优势来提高畜禽的经济利用价值。引入杂交，或称导入杂交，即引入少量外血，以加速本品种的改进。改良杂交是利用经济价值高的种群来改良经济价值低的种群，提高其生产性能，甚至改变其生产方向。育成杂交是为了培育新的品种或品系而采用不同品种或品系进行的杂交。③按杂交方式的不同可分为简单杂交、复杂杂交、级进杂交、轮回杂交、双杂交等。

杂交主要用于杂交育种和杂交利用两方面。杂交育种的作用：第一，能使基因和性状实现重新组合，使所得杂交品种具有较多的变异，有利于选择，同时杂交后代具有较大的适用范围，是培育新品种和建立新品系的良好素材；第二，杂交有时还起到改良作用，能提高低产品种的生产性能，也能较快地改变一些种群的生产方向；第三，还能使具有个别缺点的种群得到较快改进。杂交利用主要是让杂种后代具有杂种优势，使其在配套系的培育和生产中具有重要的地位。

杂种优势是指不同种群（品种、品系或类群）杂交生产的后代在生活力、适应性、抗逆性、生长势、繁殖力，以及产量、品质等性状方面都优于其纯种亲本的现象。杂种优势的产生主要是由于优良显性基因的互补和群体中杂合子频率的增加，从而抑制或减弱了更多的不良基因的作用，提高了整个群体的平均显性效应和上位效应。杂种优势表现在整个机体上，指的是群体生活力、耐受力、抗病力和繁殖力提高，饲料利用率提高和生长速度提高；表现在质量性状上，即群体畸形、缺损、致死和半致死现象减少；表现在数量性状上，即群体平均值提高。但不是任何杂交组合都能产生杂种优势，必须对杂交组合进行筛选，找到具有高杂种优势的杂交组合。

杂种优势的大小，取决于杂交亲本（如亲本间的遗传差异及亲本本身的遗传纯度）与所处环境因素。杂种优势的计算公式为：$H_F1=\sum dy^2$，其中 d 为基因的显性度，y 为两杂交亲本基因频率之差。杂种优势的表现规律：①杂交亲本间的遗传差异越大，杂种优势越明显。如果杂交亲本具有差异的基因座越多，y 越大，F_1 的杂种优势就越大。②杂交亲本越纯，杂种优势越明显。只有两个亲本的遗传纯度高且为相对等位基因的纯合子时，亲本之间的基因频率之差 y 才能达到最大值，此时 H_F1 最大。③F_2 以后世代杂种优势逐代下降。④不同类型性状的杂种优势程度不同。由于杂种优势主要来源于非加性效应的作用（显性效应和上位效应），所以遗传力高的性状的杂种优势都较低，而遗传力低的性状，如繁殖力和生活力，则可呈现较高的杂种优势。⑤环境对杂种优势的表现有影响。在相同条件下，杂交品种比纯种表现更好，但若要杂交品种表现出更好的优势，需要更好的环境。

（三）种猪选配计划制订

种猪选配计划的制订是育种场种猪选配过程中的关键步骤，关系到种猪后代遗传进展的快慢。制订种猪选配计划，第一，要明确目标群体的选育目标，清楚了解猪群的整体情况，如系谱和群体的特点，群体存在的缺点，以及群体中所有个体的体形外貌、特点和性能情况，了解群体中有无特别突出的家系或个体（尤其是公猪），按照遗传评估结果和体形外貌情况将选留公、母猪进行分级，统计群体中公、母猪的血缘情况。第二，明确群体需要控制的最高近交程度和需要保持的血缘数，利用育种软件构建猪群的系谱图，计算群体的平均亲缘系数和个体的近交系数，根据选配要求计

算选留母猪最佳与配公猪及备用公猪，获得初步的选配计划。第三，将初步选配计划与现场种猪的外貌情况结合，根据选配原则修订选配计划初稿。第四，制订详细的选配计划。第五，实施和完善选配计划。

在配套系育种中，其专门化母系和专门化父系猪选育方向明确，因此在选配前，先对选留种猪进行等级评定，为了获得优良的后代，在考虑群体和个体的近交系数的情况下，多采用同质选配的方式，尽量让优质公猪和优质母猪进行交配，做到精细化选配，以获得优良的后代。

第四章

猪的杂交及生产模式

一、概　述

养猪生产的主要目的是在可接受的生产方式下，按最低成本原则，即经济地生产商品猪，最终为城乡居民提供高质量猪肉这一动物蛋白食品。前面几章分别讲述了猪的主要品种及其特性、主要生产力性状及性能测定和种猪选育。然而，育种工作的实践证明，光靠选育纯种汇集多方面的性状优点，并稳定地把这些优点在后代群体中扩散、全部表现出来是十分困难的。因此，杂交理论的发现及运用，使我们在现代养猪生产中逐渐放弃了“纯繁制种→生产”模式，而采用“杂交制种→生产”模式。只有广泛地利用基因的加性效应和非加性效应（包括显性效应和上位效应），即杂种优势，才能从整体上提高大规模群体生产力水平。

杂种优势使杂交猪能产生较好的生产效果，这与杂交水稻、杂交玉米在生产过程中能够获得高产的原因是一致的。猪的杂交方式多种多样，从参与杂交的品种数量来说，有二元杂交、三元杂交、四元杂交甚至五元杂交。如目前流行的主要杂交方式：杜洛克公猪配长大或大长二元杂交母猪（即长白公猪与大白母猪或大白公猪与长白母猪杂交生产的杂二代），这也是典型的三元杂交体系，利用了长白猪与大白猪的杂交优势，提高杂交生产母猪的繁殖力。当然，随着养猪规模结构的发展，至今已经形成多种商品猪杂交的生产模式。

二、配套系杂交

（一）杂交

杂交是指将不同品种或在遗传上具有不同品系特点的个体进行组织交配，使之产生具有杂种优势的杂种猪，这些杂种猪大都有较高的生产效益，所以又称经济杂交。性能优良的品种或品系是现代养猪生产获得效益的基础。在此基础上，猪的经济杂交目的是生产出比原有品种、品系更能适应当地环境条件的高产杂种猪，它能最大限度地挖掘猪种的遗传基础，从而有效地提高养猪经济效益。

（二）杂交优势

杂交优势是指，不同种群的家畜杂交产生的杂交品种，往往在生活力、适应性、生长势及生产性能等方面表现出优于亲本的现象。杂交优势可用绝对值或相对值（杂交优势率）两种方法表示。

$$\text{杂交优势率}=\frac{\text{杂一代平均值}-\text{双亲平均值}}{\text{双亲平均值}}\times 100\%$$

。养猪生产中的杂交优势利用，已在全世界普遍被采用，使养猪业的经济效益明显提高（主要经济性状提高10%～15%）。

杂交后代通常能综合双亲的某些优点，尤其表现为生活力强、适应性好、生长发育快、生产性能高，且对饲养管理条件要求比纯种和纯系都低。在养猪生产中，往往通过不同品种或不同品系的种猪杂交来提高母本的繁殖力，如绝大多数商品猪配套都采用了长大或大长二元杂交母猪作为基本的杂交组合，从而提高了杂种母猪的配种受胎率、总产仔数、产活仔数、产健仔数、断奶成活率等指标。其根本原因是：不同品种或不同品系猪在杂交时可诱导有关位

点的遗传基因相互重组，使显性基因的优良性状突出表现出来，同时，还可使不同位点的基因产生互作效应，结果使杂种猪的生产性能平均值具有超过双亲平均值的趋势，与单是纯种生产相比，可产生额外的经济效益。

（三）杂交组合筛选

当前养猪业利用的品种虽不及鸡育种和生产那么多，但国际通常使用品种至少有4个，包括杜洛克猪、汉普夏猪、长白猪和大白猪。国内使用的品种就更多，包括二花脸猪、莱芜猪、梅山猪、蓝塘猪、大花白猪等。因为不同品种、品系群杂交的效果有很大差异，所以必须通过配合力测定才能准确判定其杂交效果，这就是杂交组合筛选的概念。其中，配合力是种群之间通过杂交能够获得的杂种优势程度，即杂交效果的好坏和大小。配合力有一般配合力和特殊配合力之分。

一般配合力指一个种群与其他各种群杂交获得杂交效果的平均数，它的遗传效应是基因的加性效应（显性效应和上位效应在各种杂交组合中相互抵消），反映的是杂交亲本群体平均育种值的高低。一般配合力靠纯种选配来提高，遗传率高的性状，一般配合力的提高比较容易；反之，遗传率低的性状，一般配合力不易提高。通过性能测定、遗传评估进行重要经济性状的种猪选育就是提高一般配合力。

另外，特殊配合力指两个特定种群间杂交获得的超过一般配合力的杂种优势。特殊配合力的遗传效应是基因的非加性效应（显性效应与上位效应），反映的是杂种群体平均基因型值与亲本平均育种值之差。提高特殊配合力主要依靠杂交组合的筛选和选择，遗传率高的性状，各组合的特殊配合力不会有很大的差异；反之，遗传率低的性状，特殊配合力可以有很大差异，因而有很大的选择余地。

杂交组合筛选的核心是配合力测定。如上所述，特殊配合力主要是靠杂交组合的筛选来提高的。但是，配合力测定需要一定时间，又费钱、费事，在可用品种、品系很多时，不可能两两之间进行一一测定。所以，在进行配合力测定前，对杂交效果应有大致的估计，值得测定的才测定，以加速筛选的进程。估计杂交效果的主要依据有：①种群间差异大者，杂种优势往往较大。②长期与外界隔绝的种群间杂交，一般可产生较大的杂种优势。③遗传率低、近交时衰退严重的性状，杂种优势较大（非加性效应大）。④主要经济性状变异系数小的种群，杂交效果好（整齐度反应基因型的纯合度）。⑤运用分子生物学技术进行预估，如采用多位点微卫星DNA检测多态性技术预先评估品种（系）之间遗传距离及品种（系）内的遗传相似性。

此外，开展配合力测定时应注意以下问题：①要有合理的试验设计，突出主要性状，有统一严格的记录，控制实验条件（除品种、品系不同外，其他试验条件要一致）。②要设立亲本对照组，试验组与对照组饲养条件相同，试验组与推广地区条件一致。③不必要的组合可以不做，测定之前要对杂交效果进行预估，取消估计不会产生明显杂种优势的组合，但需谨慎。④每组数量要满足统计分析要求，头数太少没有代表性。⑤不同杂交组合后代的性能对比要相对集中，在同一地点、同一年度、同一季节进行测定。

（四）配套系的综合评价

世界养猪发达国家的猪育种实践表明，提高商品猪产肉性能最有效的方法是在纯种、纯系选育的基础上进行杂交。如果把产肉性状和繁殖性状分别分配给父、母本专门化品系，不仅可以提高选择效率，而且通过杂交，能更加充分地发挥各品种（系）的潜力，这就是配套系育种的专门化品系培育方法，其过程是通过专门化品系

的设计、按各自的育种目标进行选育，然后开展系间杂交组合筛选，研发成高效益、高生产性能且适应市场需求的商品猪配套系。此外，纯系选育一定时间后（10～15年），基因的高度纯合将导致群内遗传变异变小，适应性及繁殖力有可能下降，且要把多个优良性状集中于一个品种（系）是行不通的。所以，在专门化品系培育过程中，有时往往把2～3个品系进行合成，这种专门化品系建立与培育的方法又称合成系育种。世界上知名的商品猪配套系都包含1～2个合成系。

近30年来，我国瘦肉型种猪选育及瘦肉型商品肉猪生产取得了可喜的进展。目前我国普遍采用杜×长×大这一最典型的三元杂交组合。相对于杜×长×大这一普遍的三系杂交模式，配套系一般是四系，甚至五系的配套优化组合，不但利用了母本的杂交优势，而且利用了专门化父系种猪之间的杂交优势，使繁殖效率更高，精液品质更加稳定，可以大幅度提高养猪生产水平。此外，配套系是经过精心培育的多品系的杂交组合，商品猪后代汇集了所用各品系的性能优势，充分利用了育种资源，提高了育种对市场需求的适应能力，非常适合大规模农牧企业、养猪合作社有效组织养猪生产和产业化发展，更有利于猪肉产品的生物安全控制。因而，近10年来，我国先后培育了光明配套系、华特配套系、深农猪配套系、罗牛山瘦肉猪配套系Ⅰ系、中育配套系、冀合白猪配套系及华农温氏1号猪配套系等。其中，华农温氏1号猪配套系的实施规模最大，持续改良进度最快，为满足市场对瘦肉的需求做出了重要贡献。此外，国际著名的养猪跨国公司均通过培育专用型品种和品系，采用多系配套组合生产猪肉来满足不同需求的客户，生产差异化的专用型肉类，生产性能和经济效益都很高，并且随着生产和市场的变化，不断推出新的配套组合，实现了对资源利用的最佳配置。世界养猪发达国家配套系产品已占商品猪市场80%以上，配套系杂交生产杂优商品猪已成为未来养猪业发展的主流。

传统优质猪种，如杜×长×大杂交的“洋三元”组合往往只能体现如瘦肉率高、生长速度快等一两个优点，而配套系则可以集中体现多个优点。实践证明，配套系猪种有四大优势：①瘦肉率更高，配套系瘦肉率在65%～70%，“洋三元”在60%～65%。②繁殖能力更强，配套系一胎产仔数12头以上，两年可产5胎，“洋三元”一胎产仔数8～9头，一年2胎。③生长周期更短，配套系从出生长到90～100千克需160天左右，“洋三元”则需170天左右。④成本更低，配套系从出生到出栏全期每长1千克肉消耗约2.8千克饲料，而“洋三元”每长1千克肉消耗3.2千克饲料。

配套系的应用必须通过完整的繁育体系才能实现，如果没有一个完整的杂交繁育体系，很难确定杂交群体的杂交效益及进行特定群体的配合力测定，无法发挥配套系的作用。针对各个配套系开展种猪杂交繁育体系的跟踪、效果评估和监控，评估各种杂交组合在扩繁猪场和商品猪场的繁殖性能、体形及后裔表现，同时评估配套生产的肉猪生产性能、屠宰性能及市场反应，深入农户和屠宰场进行调查并对猪肉品质进行跟踪和评估，进行数据采集和意见收集，形成调查评估报告。

华农温氏1号猪配套系自2005年通过我国农业部审定以来，大力建设良种猪繁育体系，即以广东华农温氏畜牧股份有限公司下属的5个原种猪场为核心，通过所属的18个扩繁场和二元杂交猪场，3家以上合作种猪扩繁场，种猪基因覆盖到100多个良种猪苗场和商品猪场，建立金字塔式的良种繁育体系，种猪和技术向下流动并逐级放大，使有限的良种猪通过整合社会资源和强化组织管理得到充分利用。所采取的措施如下：①建立核心示范基地和合作示范户，核心示范基地包括原种场、扩繁场、杂交繁殖场，主要推广高效杂交公猪和二元杂交母猪，有利于提高我国资源利用效率和猪肉安全水平；

合作示范户为中、小规模的肉猪养殖户，由核心示范基地带动，利于增加农民收入。②与其他单位联合建立示范基地，直接推广种猪，利于提高整体养猪生产效率，使合作单位增加经济效益。③通过核心示范基地和合作示范户直接或间接销售种猪，利于高效瘦肉猪种猪的大面积应用，提高高效良种猪覆盖率。据统计，2005—2010年，广东华农温氏畜牧股份有限公司及合作示范地累计推广华农温氏配套系种猪50万～60万头；建立核心示范基地10～20个，合作示范基地50～100个，合作示范户4 000～5 000户，辅导养户户数3万～4万，培训指导猪场管理人员、技术人员、基层农技人员、养殖农户共10万～15万人次；5年期间，广东省累计出栏广东华农温氏1号猪配套系优质肉猪1 000万～1 500万头，建立年产400万～500万头肉猪的生产体系。弥补了广东省养猪产业转移和散养户消退带来的生猪供应缺口，同时提高了广东省养猪生产效率和产业化水平。

三、肉猪杂交生产模式

肉猪杂交生产模式可分为终端杂交、轮回杂交及终端轮回杂交三种类型。终端杂交包括二元杂交、三元杂交、四元杂交和五元杂交。轮回杂交包括两品种轮回杂交（交叉杂交）、三品种轮回杂交等。终端轮回杂交主要包括纯种公猪与交叉杂交母猪的终端轮回杂交和二元杂交公猪与交叉杂交母猪的终端轮回杂交。

（一）终端杂交

1. 二元杂交

二元杂交是利用两个品种（系）进行杂交，F_1代作为商品猪。这是最为简单的一种杂交方式，且收效迅速，F_1个体能获得100%的个体杂种优势。一般要求父本和母本来自不同的具有遗传互补性的两个群体。在我国一般以地方品种或培育品种为母本，以引入猪种作父本。显然这种方式不能利用母本或父本杂种优势。

2. 三元杂交

这种杂交方式由于母本是二元杂种，能充分利用母本杂种优势，终端产品也能充分利用个体杂种优势。另外，三元杂交比二元杂交能更好地利用遗传互补性。因此，三元杂交在商品猪生产中逐步被世界各国广泛采用。在我国多次试验证明，以地方猪种作母本时，采用约克夏猪或长白猪为第一父本，用杜洛克猪作为终端父本，能获得较满意的效果。当然，随着社会经济的发展和人们对瘦肉要求的提高，从经济效益角度来讲，当前世界最流行的三元杂交方式是采用大白（即大约克夏）母猪作母本，以长白公猪作为第一父本杂交生产长大二元杂母猪（LY♀或YL♀），然后以杜洛克猪作为终端父本，生产杜长大或杜大长三元杂商品肉猪［即D♂×（LY♀）或D♂×（YL♀）］。

3. 四元杂交

四元杂交是用两种不同的二元杂种公、母猪进行交配以生产商品猪。由于商品代的父、母本都是杂种，所以，从理论上讲能充分利用个体、父本和母本杂种优势。另外，四元杂交又比三元杂交能使商品代猪更好地利用性能互补性。这种杂交方式是一种常见的杂交商品猪生产方式。20世纪80年代以来，四元杂交日益显示出优越性并被广泛采用，其原因（与三元杂交相比）除了成本优势以外，主要是可取得最大限度的杂种优势与遗传互补性。对四元杂交进行进一步扩大的方法是使用4个以上品种（系）间进行杂交，然后通过选育形成合成系再作为杂交亲本使用，合成系的主要特点是具有较多的优良性状。

4. 五元杂交

就国际先进的育种公司而言，从三元杂交到四元杂交制种过渡

在20世纪60年代和70年代中进行。五元杂交制种是一种更高形式的制种方案，它是在三元和四元杂交制种的基础上发展起来的，其优于三元和四元杂交体系的根本原因在于：①充分利用个体和母体杂交优势，特别是在祖代水平上。②可提高制种生产效益，降低制种成本，因为通过多层次杂交，整个生产体系中需要的纯种公、母猪的数量大大减少。③因为所需纯种减少，通过改良的种猪能更有效、快速，在更大的范围推广。④通过专门化育种，在五元杂交系统中，可以把不同品系的优点更好地组合在一起，从而生产更好的商品猪（五元杂交商品猪）。

（二）轮回杂交

轮回杂交方式是利用商品肉猪生产过程中的杂种母猪作为后备种母猪，每一代轮换使用不同品种的公猪。最常用的有两品种轮回杂交和三品种轮回杂交。从管理和健康角度出发，采用这种方式，可以不从其他猪群引进纯种母本，还可以减少疫病传染的风险。轮回杂交虽能在连续世代获得杂种优势，但不能获得完整的杂种优势，达到平衡时交叉杂交的个体和母本杂种优势只有2/3，三品种轮回杂交的个体及母本杂种优势只有6/7。轮回杂交方式的缺点一方面是各世代间的终端产品的不一致性；另一方面是不能很好地利用杂交中的遗传互补性，这是因为无法固定参与杂交猪种谁作为父本或母本。显然，在我国不宜在猪的生产中推广轮回杂交，因为这对于选择我国地方猪种或培育猪种作为母本是一个障碍，而这恰恰在轮回杂交中是十分有必要的。轮回杂交方式，在20世纪50年代与60年代时国外应用十分广泛，但进入20世纪80年代以来，随着商品猪生产方式的改变，终端轮回杂交方式的应用逐渐成为主流。目前除美国外，其他国家一般很少使用。

（三）终端轮回杂交

为了克服轮回杂交的缺点，西方一些国家，如美国、德国采取终端轮回杂交的方式进行商品猪生产，即采用轮回杂交方式生产后备母猪，然后将这些杂种母猪与终端父本公猪交配生产商品猪。这种方式的操作与轮回杂交相似，只不过轮回杂交是用来生产终端杂交用的杂种母猪。纯种公猪与交叉杂交母猪的终端轮回杂交和二元杂种公猪与交叉杂交母猪的终端轮回杂交的生产成绩与利润通常低于类似的三元及四元杂交的水平，这主要是由于母本杂种优势降低了1/3。由于母猪是生产过程中的杂种母猪，生产成本较低，故可在一定程度上提高经济效益。

综上所述，养猪生产中采用了不同的杂交方式来提高生产效率和扩大养殖规模，以降低生产成本，提高养猪经济效益，统称为猪的经济杂交。从遗传学分析，由于有利基因对不利基因通常呈显性，抑制了杂合子不利基因的表现，从而使杂种个体生活力增强、繁殖力提高和生长速度加快，杂种后裔群体均值优于双亲群体均值。因此，搞好猪的经济杂交，关键在于杂交亲本和杂交方式的选择。

四、典型瘦肉型猪生产模式

（一）二元杂交

20世纪60—70年代，养猪发达国家如英国、丹麦饲养的主要品种是长白猪和大白猪，习惯采用大白公猪与长白母猪杂交生产商品猪。随着经济的发展和养猪技术的不断提高，大白猪逐渐被培育成高产母系猪，且分化出父系大白猪。至今，在英国、澳大利亚仍有部分家庭农场沿用父系大白猪与母系长白猪直接生产二元杂交商品

肉猪，但为数不多。

20世纪80—90年代，在我国政府主导的国外引种，例如由各地品种改良站、畜牧研究所或农业院校的试验种猪场引入国外长白猪或大白猪，由于群体规模小，饲养管理条件跟不上，只能利用公猪进行基因扩散和品种改良。其中，最常见的是长白猪与本地猪种杂交产生二元土杂猪，因为毛色有很大的分化，所以较少直接用杜洛克猪。土杂猪具有适应性强、耐粗饲等优点，但生长缓慢，瘦肉率低，不适应市场需求，价格偏低，不适合规模化饲养。

因此，二元杂交猪生产的主要目的是产生长大或大长杂种母本，而不是商品猪的终端产品。在我国长大或大长杂种猪直接作商品猪适应性不好，经济效益低，不宜进行大规模的产业化经营。

（二）三元杂交

三元杂交是目前国内应用最广泛的繁育计划，即A×（B×C），A是终端公猪，B是母系父本，C是母系母本，其中A多为杜洛克猪，B多为长白猪，C多为大白猪。这也就是我国及世界养猪范围内最流行的杜长大商品肉猪生产杂交模式（杜洛克猪公猪×长大或大长母猪）。有试验报告评估，长白猪与大白猪正反交生产的二元杂交母猪无生产和繁殖性能方面的差异，即在许多情况下，BC也可以互换。然而，长白猪适应性差，易患肢蹄病等导致母猪淘汰率更高，在世界范围内，用大白猪作母猪，长白猪作公猪生产长大二元杂母猪的模式较为常见。

当然，凡是三个品种或品系杂交的后代都称三元杂。三元杂交猪又分为“外三元”猪和“内三元”猪。外三元猪一般就是指上面所述的杜长大或杜大长商品肉猪。而内三元猪主要是以我国地方品种猪为母本与从国外引进的肉用型品种猪为父本的杂交一代猪作母本，再与引进的国外肉用型品种猪作终端父本杂交而产生，又称“两外一内”（两个外来品种和一个国内品种杂交）。内三元杂交猪毛色更易分化，生产效率也不高，但适应性较好，肉质也略有优势，作为一个过渡产品和杂交方式，现在市场上较少见。权群学等（2004年）对这两种三元杂交组合的生产性能作了对比，在仔猪阶段、生长猪阶段和肥育猪阶段，外三元杂交猪的饲料转化率分别比两外一内三元杂交猪高11.54%（$P<0.05$）、6.58%（$P>0.05$）和6.41%（$P>0.05$），全期高7.56%（$P>0.05$）。三阶段平均日增重外三元杂交猪分别比两外一内三元杂交猪高9.02%（$P<0.05$）、8.17%（$P>0.05$）和2.87%（$P>0.05$），全期高6.54%（$P>0.05$）。在屠体及胴体品质方面，外三元杂交猪同两外一内三元杂交猪相比，屠前活重、胴体重、胴体长、眼肌面积和瘦肉率分别高5.19%（$P>0.05$）、5.33%（$P>0.05$）、3.35%（$P>0.05$）、4.67%（$P>0.05$）和8.98%（$P<0.05$）。综合分析，饲养同样体重（91.62千克）的两头猪出售，外三元杂交猪比两外一内三元杂交猪多收入54.99元，提前出栏7.25天。因而，外三元杂交方式在生长发育、胴体品质及经济效益方面有一定的优势，但技术条件要求相对较高，在一些专业养殖场值得推广。两外一内三元杂交方式在这几个方面同外三元杂交有一定的差距，但由于要求的技术条件较低，在广大的农村散养户中有一定的推广价值。

2008年以来，随着农村散养户的相继退出，只有纯外三元杂交商品猪才具有产业化经营的经济效益优势。而两外一内或其他利用地方猪种的配套杂交模式渐渐消失。只有肉质或繁殖力方面具有很强优势，才能在激烈的市场竞争中占有一席之地。

（三）四元杂交

如上所述，三元杂交方式有效地利用了长大或大长二元杂交母猪杂种优势，改善了繁殖力和适应性等低遗传力性状。随着人工授精技术的推广和应用，养猪业者发现纯种公猪精液质量偏低，影响了优秀种猪利用。同时，三元杂交猪生产模式在产业化经营方式下，显得组织困难，企业发展进程受到较大程度的影响和制约。采用四元杂交方式，公猪的扩繁速度快，精液质量因再次杂交优势得到保障，且商品肉猪品质容易控制。

广东华农温氏畜牧股份有限公司采用配套系育种理念，建立BLUP的种猪遗传评估方法结合分子标记技术，历时6年成功培育成了华农温氏1号猪配套系。杂交模式如下。

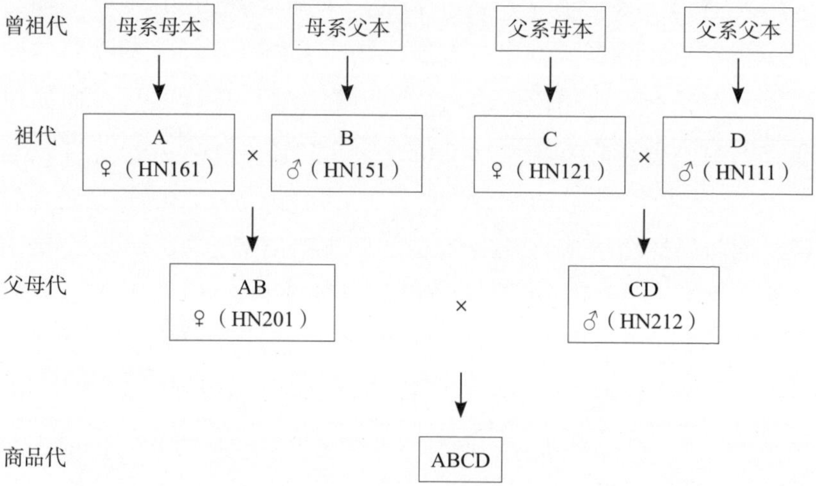

该配套系自1998年开始，选育过程分为三个阶段，即组建基础群；横交固定；纯系选育提高、配合力测定和杂交应用。选育方法采用开放式和闭锁相结合，利用分子、数量遗传理论，以计算机辅助的BLUP分析结合分子标记技术进行种猪遗传评估，培育出HN111、HN121、HN151、HN161等种猪专门化品系，形成华农温氏1号猪配套系，研制出配套系列配合饲料，开发出种猪育种和生产管理软件。2004年获国家畜禽新品种（配套系）证书，2个原种猪场得到认证，肉猪新产品获广东省名牌产品称号。

在配套系父系种猪选育和杂交组合筛选方面，如表11所示，终端父本HN212种猪，达100千克体重日龄约为155天，30～100千克饲料转化率为2.52，瘦肉率68.0%，肉质优良，应激基因频率0.1。从综合经济指数分析，HN212优于HN111，且HN212的抗应激能力比HN111强，在南方湿热气候条件下HN212适宜大面积推广。

表11　不同父系及杂交组合的生长性能（平均数±标准误）

系别	性别	样本量/头	100千克体重日龄/天	校正100千克背膘厚/毫米	30～100千克饲料转化率
HN121	母猪	113	161.9±0.5	15.33±0.06	2.55
HN111	公猪	37	157.2±0.8	12.41±0.11	2.60
HN212	公猪	53	155.1±0.6	13.08±0.14	2.52

在配套系母系种猪选育和筛选方面，2002年至2003年初以HN161、HN151为母系资源，进行不同品系组合的繁殖性能比较（表12），HN201是以HN151为父本，HN161为母本，HN202则反之；在品系繁殖性能方面，HN151总产仔数初产为9.9头、经产为10.6头，HN161总产仔数初产为10.1头、经产为10.6头，HN151产仔数和HN161没有明显差异，但哺乳性能优于HN161。杂交繁殖性能不同组合差异也不明显，HN201和HN202哺乳性能接近。

表12　不同母系及杂交组合的繁殖性能（平均数±标准误）

品系	样本量	胎次	总产仔数/头	产活仔数/头	21日龄窝重/千克
HN151	536	初产	9.90±0.04	9.30±0.04	56.2±0.3
		经产	10.60±0.03	9.70±0.03	62.2±0.2
HN161	590	初产	10.10±0.04	9.50±0.05	57.8±0.3
		经产	10.60±0.04	9.60±0.04	64.1±0.3
HN201	772	初产	10.40±0.04	9.50±0.04	56.2±0.3
		经产	11.10±0.03	10.20±0.03	62.2±0.2
HN202	212	初产	10.30±0.06	9.60±0.07	55.2±0.2
		经产	11.00±0.06	10.10±0.06	62.1±0.3

HN161、HN151作为母系资源，都具有接近的经济或生产性能，从群体肢蹄情况看，HN151种猪整体情况比HN161差。在2个品系正反交组合没有明显差别的情况下，应选择的母系母本要求种猪群体肢蹄结实，饲料利用率高，如果肢蹄不好，对于发情、种猪健康、使用年限等有大的负面影响，选择HN161为母系母本比较合适，杂交母猪优先选用HN201种猪配套；父系父本则首先要求群体中有优秀种猪，群体肢蹄情况偏差对于少量优秀种公猪的选择影响小，所以HN202作为第二种猪配套。平均而言，终端母本HN201种猪，母猪初情期为170～190天，适配日龄为210～240天，平均总产仔数为10.7头，达100千克体重日龄为155天，饲料转化率为2.51。

我国是养猪大国，养猪业已成为关乎国计民生的重要产业。然而，我国养猪生产方式上多采用传统的三元杂交模式，养殖效率和瘦肉产量与国外先进水平有较大差距。对国外种猪的长期依赖和育种技术的落后成为制约我国养猪业可持续发展的重大问题。

近年来，通过国内各大研究院所和育种公司的努力，通过种猪新配套系选育和技术创新，开发出系列猪育种关键技术，培育出不少专门化品系和配套系并研创了一批与猪重要经济性状相关的分子标记，同时，开展大规模的产业化应用，为稳定我国猪肉市场供应和养猪业可持续发展提供了有力的支撑。